U0221829

木上花开
Flowers on Mind

策划·视觉

指南针史

 中国古代重大科技创新
ZHONGGUO GUDAI ZHONGDA KEJI CHUANGXIN

站在今天的知识高度来看，指南针是一个简单的物件。然而这在古代知识背景下，却是一个很难理解的事物。

"十三五"国家重点出版物出版规划项目

指南针史

黄兴 著

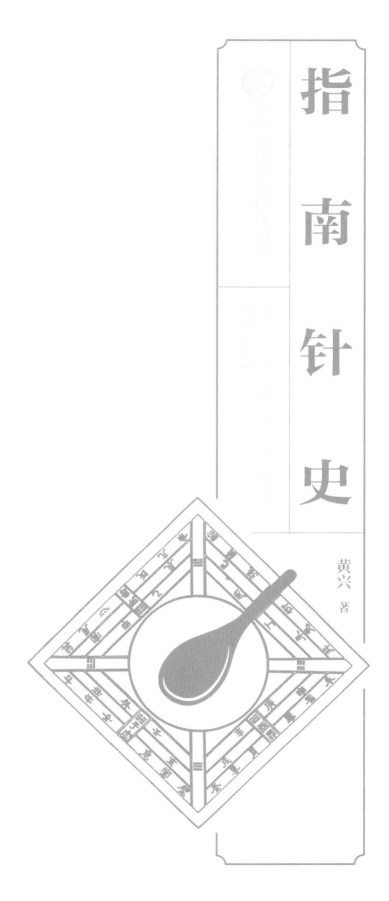

图书在版编目（CIP）数据

指南针史 / 黄兴著． — 长沙 ： 湖南科学技术出版社，2020.11
（中国古代重大科技创新 / 陈朴，孙显斌主编）
ISBN 978-7-5710-0529-0

Ⅰ．①指… Ⅱ．①黄… Ⅲ．①指南针－技术史－中国－古代 Ⅳ．
① TH75-092

中国版本图书馆 CIP 数据核字（2020）第 047329 号

中国古代重大科技创新

ZHINANZHENSHI

指南针史

著　　者：	黄　兴
责任编辑：	李文瑶　　林澧波
出版发行：	湖南科学技术出版社
社　　址：	长沙市湘雅路276号
	http://www.hnstp.com
印　　刷：	雅昌文化（集团）有限公司
	（印装质量问题请直接与本厂联系）
厂　　址：	深圳市南山区深云路19号
邮　　编：	518053
版　　次：	2020年11月第1版
印　　次：	2020年11月第1次印刷
开　　本：	787mm×1092mm　1/16
印　　张：	9.75
字　　数：	85千字
书　　号：	ISBN 978-7-5710-0529-0
定　　价：	48.00元

　　中国有着五千年悠久的历史文化,中华民族在世界科技创新的历史上曾经有过辉煌的成就。习近平主席在给第 22 届国际历史科学大会的贺信中称:"历史研究是一切社会科学的基础,承担着'究天人之际,通古今之变'的使命。世界的今天是从世界的昨天发展而来的。今天世界遇到的很多事情可以在历史上找到影子,历史上发生的很多事情也可以作为今天的镜鉴。"文化是一个民族和国家赖以生存和发展的基础。党的十九大报告提出"文化是一个国家、一个民族的灵魂。文化兴国运兴,文化强民族强"。历史和现实都证明,中华民族有着强大的创造力和适应性。而在当下,只有推动传统文化的创造性转化和创新性发展,才能使传统文化得到更好的传承和发展,使中华文化走向新的辉煌。

　　创新驱动发展的关键是科技创新,科技创新既要占据世界科技前沿,又要服务国家社会,推动人类文明的发展。中国的"四大发明"因其对世界历史进程产生过重要影响而备受世人关注。

但"四大发明"这一源自西方学者的提法，虽有经典意义，却有其特定的背景，远不足以展现中华文明的技术文明的全貌与特色。那么中国古代到底有哪些重要科技发明创造呢？在科技创新受到全社会重视的今天，也成为公众关注的问题。

科技史学科为公众理解科学、技术、经济、社会与文化的发展提供了独特的视角。近几十年来，中国科技史的研究也有了长足的进步。2013 年 8 月，中国科学院自然科学史研究所成立"中国古代重要科技发明创造"研究组，邀请所内外专家梳理科技史和考古学等学科的研究成果，系统考察我国的古代科技发明创造。研究组基于突出原创性、反映古代科技发展的先进水平和对世界文明有重要影响三项原则，经过持续的集体调研，推选出"中国古代重要科技发明创造 88 项"，大致分为科学发现与创造、技术发明、工程成就三类。本套丛书即以此项研究成果为基础，具有很强的系统性和权威性。

了解中国古代有哪些重要科技发明创造，让公众知晓其背后的文化和科技内涵，是我们树立文化自信的重要方面。优秀的传统文化能"增强做中国人的骨气和底气"，是我们深厚的文化软实力，是我们文化发展的母体，积淀着中华民族最深沉的精神追求，能为"两个一百年"奋斗目标和中华民族伟大复兴奠定坚实的文化根基。以此为指导编写的本套丛书，通过阐释科技文物、图像中的科技文化内涵，利用生动的案例故事讲解科技创新，展现出先人创造和综合利用科学技术的非凡能力，力图揭示科学技术的历史、本质和发展规律，认知科学技术与社会、政治、经济、文化等的复杂关系。

另一方面，我们认为科学传播不应该只传播科学知识，还应该传播科学思想和科学文化，弘扬科学精神。当今创新驱动发展的浪潮，也给科学传播提出了新的挑战：如何让公众深层次地理解科学技术？科技创新的故事不能仅局限在对真理的不懈追求，还应有历史、有温度，更要蕴含审美价值，有情感的升华和感染，生动有趣，娓娓道来。让中国古代科技创新的故事走向读者，让大众理解科技创新，这就是本套丛书的编写初衷。

全套书分为"丰衣足食·中国耕织""天工开物·中国制造""构筑华夏·中国营造""格物致知·中国知识""悬壶济世·中国医药"五大板块，系统展示我国在天文、数学、农业、医学、冶铸、水利、建筑、交通等方面的成就和科技史研究的新成果。

中国古代科技有着辉煌的成就，但在近代却落后了。西方在近代科学诞生后，重大科学发现、技术发明不断涌现，而中国的科技水平不仅远不及欧美科技发达国家，与邻近的日本相比也有相当大的差距，这是需要正视的事实。"重视历史、研究历史、借鉴历史，可以给人类带来很多了解昨天、把握今天、开创明天的智慧。所以说，历史是人类最好的老师。"我们一方面要认识中国的科技文化传统，增强文化认同感和自信心；另一方面也要接受世界文明的优秀成果，更新或转化我们的文化，使现代科技在中国扎根并得到发展。从历史的长时段发展趋势看，中国科学技术的发展已进入加速发展期，当今科技的发展态势令人振奋。希望本套丛书的出版，能够传播科技知识、弘扬科学精神、助力科学文化建设与科技创新，为深入实施创新驱动发展战略、建设创新型国家、增强国家软实力，为中华民族的伟大复兴牢筑全民科学素养之基尽微薄之力。

2018 年 11 月于清华园

　　很多朋友都用过或者见过指南针。无论怎么放置，指南针里面的小磁针在地磁场的作用下始终会指向南北方向。很奇妙，很有趣，也很实用。

　　别看指南针这么小，它在人类社会发展进程中，可起到了很大的作用。指南针和造纸术、印刷术、火药一起，并称为中国古代的"四大发明"。它的发明及演化的历史，是人类社会文明史的重要部分。有了指南针，才有郑和下西洋，才有欧洲人16、17世纪的海上大探险：达·伽马发现从欧洲到印度的新航路，哥伦布发现美洲新大陆以及麦哲伦海上环球航行。自此西方国家开始在全球范围内获取资源、开拓市场，使得资本主义迅速兴起。世界各国各民族间的交流也更加频繁。历史上，很多著名人物对指南针的贡献都给予了高度的肯定和热情赞扬。

站在今天的知识高度来看，指南针是一个简单的仪器。然而在古代知识背景下，指南针为什么会指南却是一件很难理解的事情。古人在当时的知识背景下，发现和利用磁现象，将其与地磁场相结合，从无到有地创造出指南针来，是一个了不起的跨越。指南针被普遍应用在陆地旅行、海上航行、堪舆活动等不同场合；并被不断改进，适应各种使用环境。

近代以来，中外学者对指南针的起源和技术工艺有较多的研究。其中 20 世纪 40 年代王振铎提出的磁石勺"司南"复原方案影响最为广泛。司南勺图形几乎成了中国古代先进科技的象征。指南针是不是起源于司南，少数人有不同的看法。刘秉政在 1956 年提出的关于《武经总要》热剩磁指南鱼的磁化机理的解释，目前得到大家的普遍认识。但其证明实验的规范性存在不足，对结果的解读也存在问题。还有在传统罗盘制作工艺中，对磁针磁化的工艺严格保密，这里面究竟有什么秘密？本书作者近年来开展了指南针实证研究系列工作，并取得了多项新进展，让我们对古代指南针技术有了很多新的认识。

学者们研究指南针的历史也是一件展现智慧的工作。在求真的道路上，怎样才能真正做到实事求是取得创新，从中我们也可以获得不少启发和反思。

目录

CONTENTS

人臍上即不能起　全上

燒末賣酒人民自聚　孫本未採入今增　御覽七百三十六

取失火家木刻作人形朝朝祭之人聚也　全上

竹蟲飲人自言其誠　御覽九百四十八

竹蟲三枚竹黃十枚治之欲得人情取藥如豆大

燒酒中飲之不令醉以問其事必得其實也　全上

用麻子中人桐葉乳汁煮之沐二十日髮長　藝文類聚十七

藥令面悅　御覽九百五十九

取藥葉三寸土瓜三枚大棗七枚膏和塗面不得

磁石門与秦始皇 · CISHIMEN YU QINSHIHUANG

斗棋与汉武帝 · DOUQI YU HANWUDI

悬磁石与招魂术 · XUANCISHI YU ZHAOHUNSHU

磁石与幻术 · CISHI YU HUANSHU

第一章 CHAPTER 1

磁石的故事

取冢祠腦燒之於道中以與人酒中飲則相思 九百二十一

取冢墓母 御覽七百三十六

按注家祠 則前條

取新 一條此文未採入今增但

拔劍倚戶見亡人不行覽 覽八百五十 孫本引供

磁石懸入井亡人自歸 御覽九百八十八 七百三十六

取亡人衣裏磁石懸室中亡者自歸矣 御覽七百 則不思母也 并增 一至四十四

取亡人衣帶裏磁石懸井中亡人自歸 九百八 御覽三十六

東行馬蹄中土令人臥不起 御覽三十七

简单地说，磁石就是有磁性的石头。

在自然界中，一些含铁的矿石，主要是磁铁矿、磁赤铁矿和雌黄铁矿，在地质演化过程中，由于地磁场的热剩磁效应，它们之中的一部分获得了剩余磁性，可以主动吸铁、互相排斥或吸引。热剩余磁性有很高的稳定性。即便磁石经历破碎、打磨，其剩磁也不会显著减弱。这一点完全不同于将铁针与磁石摩擦后得到的剩余磁性。后者属于等温剩磁，与热剩磁的磁化机理有本质差别。

对古人而言磁石是一种非常奇妙的材料。磁石可以互相吸引、排斥，可以吸铁，或者吸附含铁的小矿石碎屑。自然界中的磁石由于吸附很多小铁矿屑，外观就像长了毛一样，很容易发现。磁力属于场力，不需要磁体直接接触就可以产生。这与人们在日常生活中对力的感受有显著区别。虽然地球上的物体也受到万有引力的作用，万有引力也属于场力，不需要接触地球即可产生；但地球的引力是与生俱来，且无时、无处不在的。在古人的知识经验中，并不觉得人或物体有重量是什么稀奇的事情，或者说这不是个问题，甚至很多时候将其忽略而不觉察，也很少有人去认真思考；至少在牛顿以前，人们对重力的关注并不突出。而磁石作为一种少见的天然材料，具有完全不同于日常所见的力的作用方式，很容易引起人们的关注和思考。尽管在古代知识背景下，磁石的这些性质不太好解释。但人们还是用已有知识尽力对磁现象进行解释，努力将其拉进已有的知识体系中，并试图将其作为已有知识或理论的例证。

目前关于磁石的考古发现可上溯到公元前1400~公元前1000年。中美洲墨西哥境内原住民印第安人曾以天然磁铁矿雕刻成人像、动物像及日用品。在墨西哥维拉科鲁洲的奥尔梅克出土物中发现了一块条状磁性物，但其用途未明，很可能只是用作装饰品。

对磁石的文字记载可以追溯到公元前7~前6世纪。几乎在同一时期，中欧各自独立发现和记载了磁石的磁现象。

公元前 6 世纪，古希腊泰勒斯以万物有灵来解释磁石吸铁；阿那克萨哥拉也发挥了这种见解，把一切运动都归之于心灵或灵魂的作用。公元前 5 世纪恩培多克勒、狄奥根尼和德谟克利特也曾提及磁石。在古罗马，公元前 1 世纪的卢克莱修描述了磁石在一定距离内吸铁，被吸的铁也产生吸力，并可保持一段时间，也描述了磁体吸引和排斥现象。

英国牛津大学学者皮埃尔在公元 1269 年前后写了一本磁力实验的著作。他提出研究磁学的人必须"勤于动手"以改正理智的错误。他把磁石制作成一个圆球，用铁针检测其磁性，发现了磁子午圈。他提出了磁极的概念，还知道一根磁针断为两半后，每一半又都变成一根磁针。他认为磁针指向北极星，而不指向地球的北极。他还认为磁石球会自转。他的观点对后来者有一定影响。

西方在公元 16、17 世纪之交，有多位学者做了大量磁学实验，提出了各种观点，对磁现象探索达到了一个活跃期，并为之后磁学和电学的发展奠定了基础，有不少文献对此进行了专门研究。

英国人罗伯特·诺曼（Robert Norman）是伦敦的一个退休海员和罗盘制造者。他在公元 1581 年出版的《新奇的吸引力》（*The Newe Attractive*）中谈到磁针从中间起来稳定后，不但指向北方，而且跟水平面也会形成一夹角。即现代地磁学概念中的地磁倾角。他把磁化前后的铁屑称重，否定了磁性有重量。他发现磁针受地磁力仅转动到南北向，而不是向南方或北方移动，从而得出地磁力只是一种"定向力"（力矩），而不是运动力。他也讨论了地磁偏角的地区性差异，并非如有些航海的人所认为的固定不变。他还强调了实验研究、理性分析对于研究的重要性。

英国伊丽莎白女王的御医威廉·吉尔伯特（William Gilbert of Colchester，公元 1540 — 1605）在公元 1600 年发表了《论磁石》（De Magnete）。他也制作了球状磁石，在上面标注了磁子午线；证明如果磁石球表面不规则，其磁子午线也是不规则的，由此设想罗盘针不指向正北是由大块陆地所致；进一步设想地球是一块巨大的自转磁球。地球的磁力一直伸到天上并使宇宙合为一体，引力就是磁力。

从科学的角度看，诺曼和吉尔伯特的很多见解有误。但从研究方法而言，科学史家认为吉尔伯特和诺曼的工作是工匠学问和学术知识结合的范例，是用实验方法探索自然界和从理论上解释自然界这两者结合的范例。

类似于吉尔伯特和诺曼的理性与实证相结合工作在中国古代是缺乏的，或者说是不及的。但中国有自己的特色。历代有很多文献对磁石有较为详细的描述和思辨的认识，也有很多特殊应用。

《管子》这本书记载了公元前 7 世纪前后齐国名相管仲的言行。其中"地数篇"记载：

上有丹砂者，下有黄金；上有慈石者，下有铜金；上有陵石者，下有铅锡赤铜；上有赭者，下有铁。

这句话是讲矿藏的分布规律：地表或者上层有丹砂的地方，地下很可能有金矿；上面有慈石（磁石）的地方，地下可能有铜金（可能是黄铁矿，外观接近黄金，也称"愚人金"）；上面有陵石的地方，地下可能有铅锡赤铜矿；上面有红色的石头（赤铁矿），地下就有铁矿。

春秋末期的尹喜，就是那位在函谷关请老子写下《道德经》的守令，后跟随老子，被后世尊为关尹子。他在其《关尹子·六匕篇》写到：

枯龟无我，能见大知；磁石无我，能见大力；钟鼓无我，能见大音；舟车无我，能见远行。

《山海经·北山经》记载（图1-0-1）：

灌题之山，其上多樘拓，其下多流沙，多砥……匠韩之水出焉，而西流注于泑泽，其中多磁石。

又北二百里曰蔓聯之山（萬連二音）其上無草木有獸焉其狀如禺而有鬣牛尾文臂馬蹄見人則呼名曰足訾其鳴自呼有鳥焉群居而朋飛（朋韛猶也）其毛如雌雉名曰䴅（音夜）作渴也其鳴自呼食之已風

又北百八十里曰單張之山其上無草木有獸焉其狀如豹而長尾人首而牛耳一目名曰諸犍（犍音健）善吒行則銜其尾居則蟠其尾有鳥焉其狀如雉而文首白翼黃足名曰白鵺（鵺音夜）食之已嗌痛（嗌咽也今吳人呼咽）可以已痸（痸癡病也）音臨可以已癙癰水出焉而南流注于杠水

又北三百二十里曰灌題之山其上多樘柘其下多流沙多砥有獸焉其狀如牛而白尾其音如訆如人呼噢

名曰那父有鳥焉其狀如雌雉而人面見人則躍（躍跳名）曰練斯其鳴自呼也匠韓之水出焉而西流注於泑澤其中多磁石（磁石者下必有銅音慈）

又北二百里曰潘侯之山其上多松柏其下多榛楛其陽多玉其陰多鐵有獸焉其狀如牛而四節生毛名曰旄牛（今旄牛背膝及胡尾皆有長毛）邊水出焉而南流注於櫟澤

又北二百三十里曰小咸之山無草木冬夏有雪

北二百八十里曰大咸之山無草木其下多玉是山也四方不可以上有蛇名曰長蛇其毛如彘豪（說者云長百尋今蝮）蛇色似艾綬文間有毛如豬彘醫形不同其音如鼓柝（柝行夜敲木柝音詑）

1-0-1

《山海经·北山经》· 书影

【清康熙项氏群玉书堂依宋本校订】

秦相吕不韦集合门客们编撰的《吕氏春秋·季秋纪·精通》中记载：

慈石召铁，或引之也。树相近康，或附之也。圣人南面而立，以爱利民为心，号令未出，而天下皆延颈举踵矣，则精通乎民也。注曰：石，铁之母也。以有慈石，故能引其子。石之不慈者，亦不能引也。

东汉王充《论衡·乱龙篇》：

顿牟掇芥，磁石引针，皆以其真是，不假他类。他类肖似，不能掇取者，何也？气性异殊，不能相感动也。

清人刘献廷《广阳杂记》进一步讲：

磁石吸铁，隔碍潜通。或问余或问余曰：'磁石吸铁，何物可以隔之？'犹子阿孺曰：'惟铁可以隔耳'。

早期文献多将磁石写作"慈石"。古今学者多认为"慈"字含母性慈爱之意，以形容对铁的吸引。其实最初用"慈"命名磁石的本意还可进一步探讨、挖掘。

"慈"字首见于金文。上半部为"兹"，下部为"心"。"兹"既是声旁，也是形旁；"兹"又以其下半部"丝"为声旁和形旁。在甲骨文中，"兹"与"丝"、"滋"是通用的。"兹"有如积丝成缕般渐生渐长之意。故《说文》："兹，草木多益也"。《吕氏春秋》："今兹美禾，来兹美麦。""慈"有子女在父母关爱下生长的含义。对磁石而言，在自然堆积状态下，其表面吸附了大量铁矿屑，前后连接，有序排列，如丝如缕，状若生毛。这种描述也屡屡出现在宋以后的医书中。本书作者野外考察所采集的磁石也是如此（见本书第四章第一节）。故最早以"慈"为名，与磁石表面矿屑有序排列的外观形象也是相对应的。从而也具有表形之用意。其后改用"磁"字，则保留并强调了磁石的外观表象，去掉了感情色彩成分。这样做精准地把握住了磁石的本质特征。

中国古代对磁石认识最深，应用最多的当属方士群体。他们将磁石开发成各种神器，借此推销自己。

战国秦汉时期，燕齐一带方士们活动很活跃。从已经发现的冶铁遗址、铁器产品和相关文献记载来看，这一地区也是先秦两汉时期的重要钢铁产区，为磁石的发现提供了很多机会。本书作者采集到的稀见的磁石矿即位于燕国境内。太行山东麓铁矿资源也很丰富。古文献中记载盛产磁石的磁山就在这里。虽然这一带当时属于赵国范围，但并不影响方士们从这里获取磁石。山东半岛的铁矿资源也很丰富，《管子》、《国语·齐语》中对齐国的冶铁活动多有记载，在齐国故城等地发现多处大规模冶铁遗址，是中国古代早期冶铁技术核心区域之一。

磁石具有迥异日常知识的种种特性，自然成为方士们钻研的对象。文献记载显示，秦汉方士们利用磁石相互吸引、排斥和吸铁的特性开发了多种方术，将磁石的特殊功能挖掘出来，为磁石增添了很多神秘色彩。

古代文献记载了秦汉以来若干与磁石有关的事件。前人研究中对此已有引述。但若将其置于当时的社会背景下，并与方士群体们联系起来，就能发现更精彩的故事。

磁石门与秦始皇

公元前 221 年，秦始皇统一天下后，方士们争相讨好于他。秦始皇也醉心于方士们的说辞，常穿望仙鞋和丛云短褐，渴求见到神仙；多次派方士徐福入海求取仙药。在修建阿房宫时，可能是有方士贡献了一条"妙计"：把磁石做成门，遇有不法之徒或者是胡人暗藏铁刃，意图行刺，就会被磁石吸住或检查出来。

汉末成书的《三辅黄图》记载：

以木兰为梁，以磁石为门。注曰：磁石门，乃阿房北阙门也。门在阿房前，悉以磁石为之，故专其目。令四夷朝者，有隐甲怀刃，入门而胁止，以示神；亦曰却胡门。

西晋潘岳《西征赋》：

门磁石而梁木兰兮，构阿房之屈奇；疏南山以表阙，倬樊川以激池。

东汉桑钦撰、后魏郦道元作注的《水经注》（卷十九）记载（图 1-1-1）：

鄗水北迳清泠台西，又迳磁石门西。门在阿房前，悉以磁石为之，故专其目。令四夷朝者，有隐甲怀刃入门而胁之以示神，故亦曰却胡门也。

至唐代，还有"磁石门"这个地名。

梓下有文石取以欸扣梓當有應者以書與之勿
妄發致之得所欲鄭客行至鄗池見一梓下果有
文石取以欸梓應曰諾鄭客如晬覺而見宮闕若
王者之居焉馬謁者出受書入又見項聞語聲言祖
龍死神道芒昧理難辨測故無以精其幽致矣鄗
水又北流西北注與澇池合水出鄗池西而北流
入于鄗毛詩云滮池流浪也而世傳以爲水名矣鄭
玄曰豐鄗之間水北流也鄗水北逕鄗靈臺西又
逕磁石門西門在阿房前悉以磁石爲故專其目
合四夷朝者有隱甲懷刃入門而脅之以示神故

亦曰却胡門也鎬水又北逕于渭渭水北有杜郵
亭去咸陽十七里今名孝里亭中有白起祠嗟乎有
制勝之功懟商之仁是地即其伏劒處也
渭水又東北逕渭城南
文穎以爲故咸陽矣秦孝公之所居離宮也獻公
都櫟陽天雨金周太史儋見獻公曰周故與秦國
合而別別五百歲復合合七十歲而霸王出至孝
公作咸陽築冀闕而徙都之故西京賦曰秦里其
霸寔爲咸陽太史公曰長安故咸陽也漢高帝更
名新城武帝元鼎三年別爲渭城在長安西北渭

唐李吉甫《元和郡县志》记载：

秦磁石门，在其东南十五里，东南有阁道，即阿房宫之北门也。累磁石为之，著铁甲入者，磁石吸之不得过。羌胡以为神。

《唐书·回纥列传》记载：

甲午，肃宗送宁国公主至咸阳磁石门驿。公主泣而言曰："国家事重，死且无恨"。上流涕而还

秦始皇曾被荆轲在朝堂上执刀追杀，心理阴影尚未散去，听到这个妙计，必定大喜过望。

神仙和仙药自然是找不到的，秦始皇的暴虐也引起了方士们的不满和担心。方士卢生和侯生诽谤了秦始皇，并逃走了。秦始皇大怒。公元前212年发生了"坑儒"大惨案。其实被活埋的多数是方士。秦始皇死后，阿房宫尚未建成，刘邦率领的起义军就攻入咸阳。修建磁石门也就不了了之了。

从目前的考古发现和历史研究看，阿房宫没有建成，磁石门多半只停留在规划里。磁石门能否检测出铁质利刃也难说。但方士成功地将自己的产品，确切地说是他们自己，推销到了最高统治者那里。即使古文献记载的磁石门一事是后来附会编造出来的，那也是借用秦始皇和阿房宫做了虚假广告。方士们还是受益者。

* 方士是什么人？ *

方士是中国古代一个特殊群体，具有独特的行业知识体系和社会地位。他们在政权更迭、文化礼俗和科学发展领域都扮演了重要的角色。方士的神学思想和各种方术的源头可以上溯到殷商时期的鬼神崇拜和巫术、神仙信仰等。

古代统治者往往把其统治的合法性建立在当时处于主流地位的知识体系上，让治下的子民相信，其统治不在于拥有暴力，而在于受上天的指派、有鬼神庇佑、符合历史趋势，除他之外别无选择：巫、祝、宗等神职人员主持祭祀、卜筮和解释预兆等仪式，传达神意，预言吉凶，还担负着驱邪、降神、招魂、治病、求雨等职能。法器、仪式和巫术知识是了解神意的必备条件；青铜器、玉器、天室、甲骨、仪式、乐舞及卜辞的最终解释权也被神职人员所垄断。而统治者自己往往就是巫。

周取代商以后，称天命并非一成不变：商纣王暴虐不仁，失去人心，推翻商纣统治是上天奖善惩恶的表现。统治者更加注重礼法，按照礼制来执政。巫的职能从帝王身上分离出来，成为专门的神职人员。此后，随着礼制的确定、法制观念的发展和社会文明程度的提高，巫的地位渐渐衰落，有的失去世袭职业而沦落民间，有的留在朝廷继续为君王效力。但无论在哪里，其所掌握的星占、卜筮等方术和与之相连的祯祥灾异、天命思想一直得到传承。

战国时期，燕齐一带的方士们异常活跃。有一部分方士便承自巫者。他们最初以海上神山仙人之说为主旨，将由古代巫术发展而来的"天人感应"理论、古代"五行说"等自然哲学结合起来，形成了"五德始终"说、"灾祥"说和谶纬迷信等神学理论，迎合了当时的政治需要，并形成了多种派别。方士们的方术包括"数术"和"方技"两个方面。前者包括天文历算与占星候气、式法选择和风角五音、龟卜筮占、相术等；后者包括医学、服食、炼金、化丹、行气导引、房中术等。其后传播渐广，内容杂芜，各种奇异、荒诞的方术层出不穷。

燕齐海滨一带偶尔出现的海市蜃楼奇观，与方士们海上神仙说之间也有关系。海市蜃楼现象在当代也多有报道，由于光的折射和全反射，不知何处的楼宇、山峦、人群等景象在海上、天际时隐时现，确实引发了很多遐想，很容易让古人理解为仙迹。这是燕齐一带产生海上神仙说的重要地域和自然因素。

斗棋与汉武帝

　　方士们骗完秦始皇又骗汉武帝。《史记》《汉书》记载，当时有一个方士是胶东人，叫栾大。他告诉汉武帝自己的老师说过："黄金可成，而河决可塞，不死之药可得，仙人可至也。"又为汉武帝表演了斗棋，棋子们可以自动互相撞击。这些棋子其实就是用磁石或磁石粉做成的（图1-2-1）。汉武帝大喜过望，派栾大去请神仙。栾大回来说神仙嫌自己没有官职，身份低微，不肯来。汉武帝就先后拜栾大为"五利将军"、"天士将军"、"地士将军"、"大通将军"、"天道将军"、"乐通侯"，还把已孀居的卫长公主嫁给栾大。武帝送万两黄金作嫁妆，举办盛大婚礼。栾大可谓地位、财富、美色兼收。

1-2-1

《淮南万毕术》中对"斗棋"的记载·书影

栾大的成功在方士群体中掀起了一个高潮。海上、燕齐之间的人见到栾大一步登天，纷纷"莫不搤腕"。"搤腕"就是用一只手握住另一手的手腕。古人在心情极度激动，难以控制的时候，往往会做出这个动作。可以想象到这些人此刻的内心状态："这也行？我也会，让我来！"海上、燕齐正是秦汉时期盛产方士和磁石的地区。方士们对磁石都很精通，斗棋是什么，他们非常清楚，甚至他们还开发出更多的奇妙之术。

但汉武帝很快发觉栾大的方术多不灵验；又派栾大入海求仙，他却不敢下海，仅上了泰山祠神。回宫后，骗汉武帝说自己见到了自己的老师。栾大被武帝派去监视的人揭穿。武帝知道自己被欺骗和利用了，还因此耽误了卫长公主，异常愤怒，将栾大施以严酷的惩罚——腰斩。

方士们还将磁石应用到殡葬礼俗中。

西汉淮南王刘安组织很多方士编写了《淮南万毕术》。其中一条记载（图1-3-1）：

取亡人衣，裹磁石悬井中，亡者自归矣

取蘷葉三寸土瓜三枚大棗七枚膏和塗商不得
藥令商悅御覽九百五十九
用麻子中人桐葉乳汁煮之沐二十日髮長蘷文額聚長七
燒酒中人飲之不令醉以問其事必得其實也全上
竹蟲三枚竹黃十枚治之欲得人情取藥如豆大
竹蟲飲人自言其誠御覽九百四十八
取失火家木刻作人形朝祭之人聚也全上
燒木賣酒人民自聚御覽七百三十六
人臍上即不能起孫本未採入今增
取東行白馬蹄下土三家井中泥合土和之置臥
東行馬蹄中土令人臥不起御覽三十七
取亡人衣帶裹磁石懸井中亡人自歸九百八十
取亡人衣裹磁石懸室中亡者自歸矣御覽七百三十六
磁石懸入井亡人自歸御覽九百八十八
拔劍倚戶見不夜驚御覽三百四十
取新冢前桐柰用喚兒則不思母也並增
按注語取新冢前冢柰則前條此文未採入今增柜
取冢墓柰以喚兒不思母御覽八百五十孫本引俱
取冢祠柰以於道中以與人酒中飲則相思九百一
腦燒之於道中以與人酒中飲則相思御覽七百三十六

《淮南万毕术》中"磁石招魂"的记载·书影

在古代，人长时间昏迷或刚去世的时候，亲人们为了急救或在短时间内不能接受这个变故，抱着死者可能会复生的一丝希望做招魂仪式。一般是站在屋脊上，手执亡人的衣服，呼唤亲人的灵魂归来。之所以用亡人的衣服，是本着魂气与自身衣裳同气的观念。

从《淮南万毕术》的这条记载可以看到，方士们也利用磁石设计了新的招魂术。我们先说"悬井中"。井与地下水相连。打井的时候，水初冒出来，含有泥浆，呈浊黄色。这就是"黄泉"的由来。古人认为黄泉是亡魂的居所，这种说法由来已久。如《左传·隐公元年》："不及黄泉，无相见也。"《管子·小匡》："应公之赐，杀之黄泉，死且不朽。"之所以"悬井中"，就是赶紧把事主亲人的亡灵从"黄泉"招回来。

为什么用磁石，而不用砖头？为什么悬起来，而不是扔到井里？磁石可以吸铁，可能方士们借题发挥一下，说这种看不见的力量也可以吸引亡魂。本书作者也做过模拟实验：磁石一旦被悬起来，就会自发转动，并有固定指向。即便动一下绳索，磁石的朝向也基本稳定。所以这一方术暗含了磁性指向的功能。古人是否对磁性指向已经有认识，是否已经开发出磁性指向技术，有待考察和讨论。但如果对磁石悬入井有下一步开发，那顺理成章的就是磁性指向了。

《淮南万毕术》这本书记载了各种方术、百科知识等，原有十万余字，大约十个字一条，算下来有一万条左右。现如今这本书散失了，后人从其他书中辑出千余字，百十条。如果大胆猜测一下，《淮南万毕术》很可能记载了磁石指向的事例。

宋代以后，指南针已经普遍使用。但磁石的特性仍然被不断挖掘，主要是作为幻术和游戏存在于民间。

南宋庄绰《鸡肋编》卷中"碌轴相搏"条目记载北宋元祐末年有人用磁石进行幻术表演：

有人自云能使碌轴相搏，因先敛钱，以二瓢为试，置之相去一二尺，而跳跃相就，上下宛转不止。人皆竞出钱，欲看石轴相击。遂有告其造妖术惑众，收赴狱中，锢以铁锁，灌之猪血。其人诉云："二瓢尚在怀中，乃捣磁石错铁末，以胶涂瓢中各半边，铁为石气所吸，遂致如此。其云使石者，特绐众以率钱耳。"破之信然，久乃释之。

南宋陈元靓著、初刊于1325年的《事林广记》中"神仙幻术"记载用天然磁石制作指南鱼（图1-4-1）、指南龟（图1-4-2）、唤狗子走、葫芦相打：

造指南鱼　以木刻鱼子一个，如母指大，阔腹一窍，陷好磁石一块子，却以腊[1]填满，用针一半金从鱼子口中钩入。令没放水中，自然指南。以手拨转，又复如初。

造指南龟：以木则龟子一个，一如前法制造，但于尾边敲针入去。用小板子，上安以竹钉子，如箸尾大。龟腹下微陷一穴，安钉子上，拨转常指北，须是钉尾后。

实草雕狗子，以胶水并盐醋调针末搽向狗子上。以好磁石手内引之，即随手走来也。

葫芦相打，取一样长葫芦三枚，开阔口些，以木末用胶水调填葫芦内，令及一半，放干。一个以胶水调取一样长三个葫芦，口开阔些，用木末沾胶水，调填葫芦内，令及一半，放干。一个以胶水调针沙放向内，一个以胶水调磁石末向内，一个以水银盛向内。先放铁末并磁石者，两个相近，其葫芦自然相交。却将盛水银一个放中心，两个自然不相交，收起复聚。

▶

1-4-1

（南宋）《事林广记》"木刻指南鱼"复原图·王振铎

【采自：王振铎，1948b】

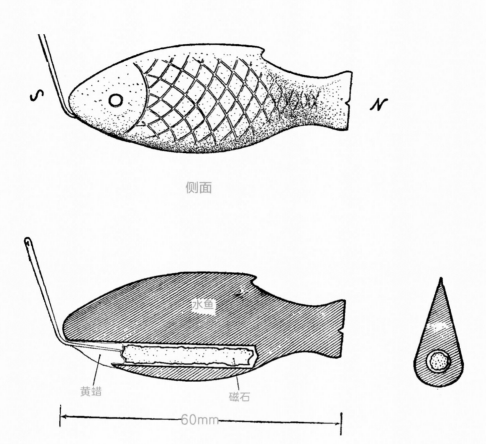

侧面

水鱼

黄蜡   磁石

|←——————— 60mm ———————→|

剖面

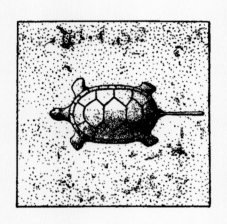

俯视面

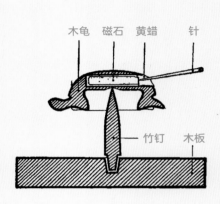

木龟　磁石　黄蜡　针

竹钉　木板

纵剖面

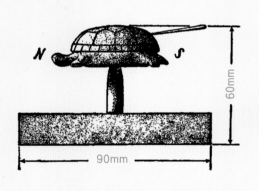

N　S

90mm

60mm

侧面

横剖面

◀

1-4-2

《事林广记》"木刻指南龟"复原图（南宋）·王振铎

【采自：王振铎，1948b】

清代纪昀写了一篇散文《河间游僧》，主要讲述一个河间的游僧在市集中卖药的故事：

> 河间有游僧，卖药于市。先以一铜佛置案上，而盘贮药丸，佛作引手取物状。有买者，先祷于佛，而捧盘进之。病可治者，则丸跃入佛手；其难治者，则丸不跃。举国信之。后有人于所寓寺内，见其闭户研铁屑，乃悟其盘中之丸，必半有铁屑，半无铁屑；其佛手必磁石为之，而装金于外。验之信然，其术乃败。

我们讲这些内容是让大家明白，自从磁石被发现起，这种具有特殊性能的材料为以方士为代表的很多人所关注，并且投入了很多精力，别具匠心地利用磁石开发出了很多巧妙器物。古代的天人观与我们现在大不相同。在当时的文化环境下，这些用磁石制成的神器，常会给他们带来现实的收益。这是包括指南针在内的磁技术不断创新、发展的原因。

砂丹製炮

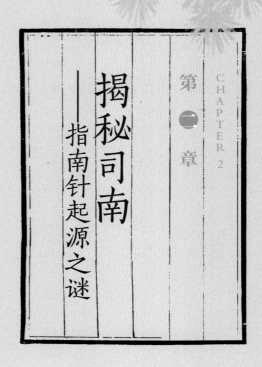

CHAPTER 2

第一章

揭秘司南
——指南针起源之谜

> 一说起司南，大家可能会想到磁石勺，把它放在青铜地盘上，触动一下，勺柄就会指向南方。没错，这就是 20 世纪 40 年代王振铎提出的一种对古代司南的复原方案。但你可能也了解到，关于司南有一些不同的观点，七十多年来未有定论，让本身就很神秘的司南，又被笼上了一层迷雾。事实究竟如何？让我们从头说起。

磁石勺司南的由来

磁性指南装置究竟出现于什么时候，当时它是什么样子的？这个问题一直未能彻底解决。在 20 世纪之前，大家普遍认为是黄帝发明了指南针。其实是把传说中黄帝发明的指南车和指南针给混为一谈了。在一些传说中，上古神话中的九天玄女曾送给黄帝几卷天书。当时有人又说指南针是九天玄女发明的。此类说法流传很广，在早期的 *Nature* （《自然》）和 *Science* （《科学》）上也有这样的言论。

1924 年日本学者山下提出先秦的指南车不是指南针，宋以后的文献中，才开始说磁石指南，因此指南针应该是宋以后发明的。这是他依据当时发现的文献资料提出的观点。有其他学者提出，自先秦以来，很多古代文献里面都记载了司南。1928 年，张荫麟提出东汉《论衡》中所讲的司南可能是当时最新式的磁性指南装置。

《论衡》记载：

故夫屈轶之草，或时无有而空言生，或时实有而虚言能指。假令能指，或时草性见人而动。古者质朴，见草之动，则言能指。能指，则言指佞人。司南之杓，投之于地，其柢指南。鱼肉之虫，集地北行，夫虫之性然也。今草能指，亦天性也。

这段文字述及三种事物："屈轶之草"、"司南"、"鱼肉之虫"。它们都具方向性。草会指人；虫"集地北行"；司南"其柢指南"。这是他们的"天性"、"本性"。就司南而言，具有如此天性者，无论从古代语境或从今日科学常识看，只有利用磁性指向可以实现。

20世纪40年代，王振铎提出了一个磁石勺"司南"加青铜地盘的复原方案，而且也制作了实物。他的成果非常出色，得到了国内外学者和大众的广泛认可。王振铎制作的磁石勺实物，曾经长期地在中国历史博物馆，就是现在的国家博物馆作为一个辅助性的展示品在展出。大家经常能看到司南的图像，这个图像几乎被视为中国古代先进科技的标志。

2-1-1

王振铎先生 · 摄于 1985 年 · 李强 供图

但到目前为止，尚未发现古代用磁石制作的勺子。文献记载没有明确说司南就是磁石勺。在其他的文献中，"司南"一词可能有其他的解释方式。

★古代文献关于司南的一些记载：★

《韩非子》："先王立司南以端朝夕"。

《鬼谷子·谋篇》："夫度材量能揣情者亦事之司南也。"

《鬼谷子·谋篇》："郑人取玉，必载司南（之车），为其不惑也"

晋·崔豹著《古今注·舆服》："使大夫宴将送至国而还，亦乘司南而背其所指，亦恭年而还至。"

唐·李商隐《序》："为九流之华盖，作百度之司南。"

宋·陆游《十月二十四子夜梦中送庐山道人归山》诗："夙士极知成殿后，吾曹所赖作司南。"

1952 年，郭沫若院长带领中国科学院代表团访问苏联科学院，想以司南作为礼物，委托钱临照来制作。但钱临照未能用天然磁石制成，而是用磁化钨钢来制作。这个事情大家都是在传说，未见到实证资料，但即使如此也成为怀疑磁石勺指南可行性的依据。我们现在在网上看到的或者店里卖的所谓司南，或是用钢铁做的，或是用有机材料制作，内部嵌入人工磁铁；有的还镀了些铜锈在上面，就更离谱了。磁石勺到底能指南吗？当初郭沫若院长为什么不直接用王振铎的磁石勺作为礼物？

从 1956 年开始，刘秉正等人发表了多篇文章，提出古代文献记载并没有说司南是用磁石制成的，《论衡》中的"司南"应该解释为北斗，即当北斗勺柄朝着地面的时候，勺底两颗星的连线就指南；《论衡》之外的其他文献中也讲了司南。刘秉正认为这些文献中的司南更适合解释为学问的表率、一种指引，或者是指南车。

刘秉正的文章中提到他自己也做了复原实验，没有成功。但从发表文章来看，他的实验非常简陋。他用的是没有剩余磁性、未做化学成分鉴定的铁矿石，用低电流线圈模拟地磁场，在常温下意图将矿石磁化；请工匠把他的矿石加工成勺，发现多有断裂，而没断裂的勺也不能指南，然后就下结论，说磁石勺不能指南。

到底磁石勺能不能指南？

首先，我们看王振铎的磁石勺究竟能不能指南。王振铎制作的磁石勺现在还有三枚（图 2-1-1），在他女儿家保存。本书作者将磁石勺与剩余的磁石（图 2-1-2）都借了出来，做了测试，发现其中两枚较小、品相不好的 3、4 号磁石勺确实可以指南。一枚比较大的、外观很漂亮的无编号磁石勺不能指南。这些磁石勺的照片在王振铎早年的论文中也已发表。

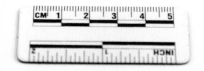

2-1-2

王振铎 20 世纪 40 年代制作的磁石勺（上：*3 号*，中：*4 号*，下：*5 号*）·黄兴 摄

2-1-3

王振铎制作磁石勺剩余的磁石 · 黄兴 摄

现在可以确定，王振铎当年制作的磁石勺确实可以指南。而郭沫若没有直接用王振铎的磁石勺送给苏联科学院，原因多半是由于品相不行，不是因为不指南；钱临照采用钨钢制作磁勺，是短时间找不到好磁石而做的变通。而刘秉正实验中用的磁石磁性非常差，按照古文献记载的标准来说，根本算不上磁石，而且实验的科学性、规范性严重不足。

目前，虽然尚未发现古代磁石勺实物，也未发现有文献记载明确说司南是用磁石制成的。但磁石勺确实可以指南，而且从文献来看，将王充《论衡》中的司南解释为磁性磁石勺，是完全解释得通的，而且很切合上下文。所以，磁石勺方案仍然获得了普遍认同，不能轻易否定。

大家可能还会有疑问：磁石勺方案的反对者没能做出可以指南的磁石勺，关系不大；为什么支持者们也没有能再做出来？只有能够重复实现，不易退磁、可长久稳定使用，古代条件下也能制作出来，这样才算彻底证明了磁石勺指南的技术可行性，在我们力所能及的范围内解决了这个问题。至于明确的文献记载和古代实物，可能将来会发现，也可能永远发现不了，那就是另外的事情了。

研究古代指南针，开展复原模拟实验，首先要弄清楚什么是磁石，天然磁石有哪些特性。

现代矿物学中并没有说某种矿物叫磁石。磁石是古代形成的一个名词，是古人对某一类石头的统称。当时古人并没有建立磁铁矿、磁赤铁矿这些概念。他们只是从物理现象和性质来描述和鉴别：只要这块铁矿石能吸铁，它就是磁石；不能吸铁，就不是磁石。至于这块铁矿石的主要化学成分是什么，古代并没有相应的概念。

磁石能够吸铁，也就是具有显著的天然剩余磁性。满足这一条件的矿石主要有磁铁矿、磁赤铁矿、磁黄铁矿三种。它们的饱和磁化强度依次为 92.5emu/g、83.5emu/g、13.3emu/g。此外，还有钙铁榴石等少数含铁矿石也有很微弱的天然剩余磁性，与前述三种相差很远。这些矿物中的一少部分在地质演化过程中，由于热剩磁效应，形成了热剩余天然剩余磁性（简称热剩磁）。这些矿物便被称为磁石。

当前的指南针研究对磁石有一些错误认识：第一，认为磁石就是磁铁矿。这是不对的，因为不仅是磁铁矿，磁赤铁矿、磁黄铁矿也能吸铁，也表现出磁石的性质；第二，只要是磁铁矿就是磁石。这也是不对的。因为无论是磁铁矿、磁赤铁矿还是磁黄铁矿，这三种矿物中只有少部分具有显著天然剩余磁性，大部分天然剩余磁性极弱。

磁石为什么会有磁性？这个问题解释起来会稍微复杂一点。

首先，物质为什么有磁性？这是最根本问题。我们现在认为物质有磁性是由于带电粒子运动引起的；也就是说电流引起的磁。我们都知道，原子里面都有电子，电子也一直在运动。为什么有的物质有磁性，有的没有磁性呢？原子有磁性（即原子磁矩）的条件是，在原子壳中电子层中存在没有被填满的状态，这是产生原子磁矩的必要条件。比如说铁、钴、镍，它们都符合这样的条件，所以这三种元素被称为铁磁性元素。只有它们才有可能具有磁性。

第二，为什么有时候铁或含铁物质也没有磁性？例如奥氏体铁合金也没有磁性，赤铁矿、针铁矿的磁性极其微弱。这是因为它们的晶体结构不一样。从晶体结构的层面来看，要具有铁磁性，晶胞的磁矩都要朝一个方向。如果晶胞的磁矩有的朝这边，有的朝那边，正好互相抵消，这是反铁磁性。如果朝一边强，朝另一边弱，整体还表现出比较弱的一个单向的磁性，这叫做亚铁磁性（图2-2-1）。磁石的主要成分是铁的氧化物，具有亚铁磁性（图2-2-2，图2-2-3）。

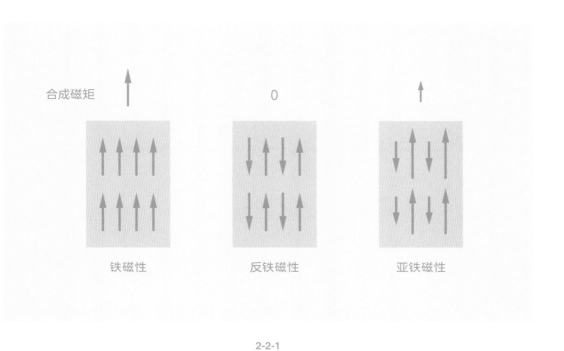

合成磁矩

0

铁磁性　　　　　反铁磁性　　　　　亚铁磁性

2-2-1

铁磁性、反铁磁性与亚铁磁性及其合成磁矩示意图 · 黄兴　D·A 绘

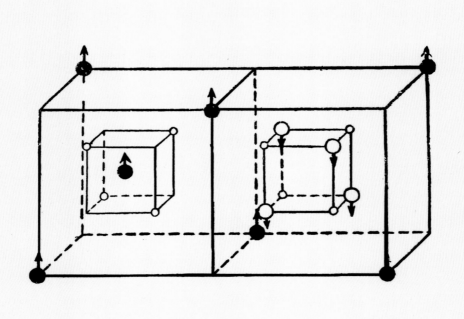

2-2-2

磁铁矿与磁赤铁矿的晶体结构：等轴晶系反尖晶石构造（箭头表示磁矩的自旋方向）

【引自：永田武，1959】

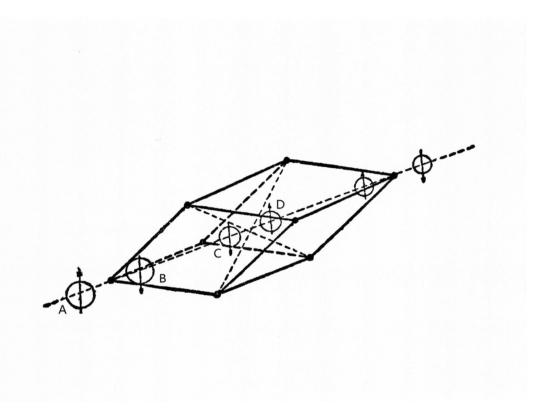

2-2-3

赤铁矿的三角晶系构造（箭头表示磁矩的自旋方向）

【引自：永田武，1959】

第三，为什么同一种矿石，有的剩磁强，有的剩磁弱？

因为磁石是天然形成的矿物，经历的造矿和地质演化过程千差万别。岩石的剩余磁性主要来源于热剩磁。它的磁化机理是磁性矿物在地磁场中从居里温度以上逐渐降温，得到剩磁。热剩磁的稳定性很高，弛豫时间很长。现代很多人在研究指南针的时候，并没用天然磁石做实验，而是将铁被磁体摩擦磁化易退磁这一经验，搬到天然磁石上，认为磁石经过打磨也会很容易退磁。摩擦磁化属于等温剩磁，与热剩磁不是一个机理，稳定性很差。这样就产生了关于磁石勺容易退磁的错误认识。

大家现在该问了，我们去哪里能找磁石呢？

古代文献记载都说河北武安产磁石。2014 年我去了两次，一次是正好夏至日，一次接近冬至日。但是看到的景象都是山顶已经被挖空了，像火山口一样，路边散布着一些铁矿石。当地称为八宝石，其实属于钙铁榴石。它是一种含钙的矿物被铁液侵入以后形成的一种岩石，具有比较弱的磁性。而王振铎做的磁石勺，看着坑坑洼洼的，就是用这种矿物做的。它磁性不是很好，而且也容易断裂，但做成的勺子还是可以指南的。

真正的磁石是什么样子的？大家请看北宋苏颂的《本草图经》里的"慈州磁石"图（图 2-2-4）。

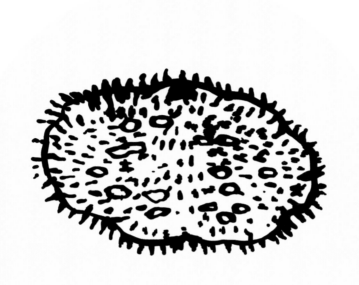

慈州磁石

2-2-4

（北宋）苏颂《本草图经》"慈州磁石"图·黄兴 *D·A* 绘

【引自：苏颂，1994.】

图中可见，磁石上面长了很多小毛毛。我在磁山找到的矿石跟这个显然不相符。磁山本来是有磁石的，但现在可能被挖得差不多了。我又到别的地方去找，费了很大劲，终于在河北张家口龙烟矿区找到一些比较合适的磁石。大家请看这个磁石堆的近景（图2-2-5）。

这些磁石上吸了很多毛毛，跟苏颂《本草图经》的"慈州磁石"图是一致的（图2-2-6，图2-2-7）。只有这样的铁矿石才符合古人对磁石的界定。

经 x 射线荧光衍射分析，发现这批磁石的主要成分是含 76% 的磁赤铁矿，不是磁铁矿，也不是赤铁矿。这些是我从中挑选的一些样品，上面都长了很多毛毛。

2-2-5

龙烟矿区磁石堆近景 · 黄兴 摄

2-2-6

磁石样品·黄兴 摄

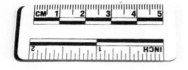

2-2-7

磁石样品·黄兴 摄

怎么才能将磁石加工成磁勺，而且指南呢？先把它从中间吊起来
（图 2-3-1），让它平衡、静止了以后，沿着已知的南北方向，在
磁石上画一条直线，然后在两侧画个勺子的轮廓，再一点点切割（图
2-3-2）。用的工具是切割玉石的旋转式切割机。其实早在商代，就
已经有了这种工具，当然是手动的。我们现在用的是电动低速的，原
理和效果都一样。

2-3-1

将磁石悬吊在木架上·黄兴 摄

2-3-2

磁石勺定向与制作过程 · 黄兴 摄

④

⑤

⑥

① 将磁石悬吊起来，待其静止后，沿南北方向画中心线
② 在中心线两侧对称画出勺体轮廓
③ 初步切割出勺体粗坯
④ 初步修整磁石勺底部
⑤ 在磁石勺中心挖凹窝
⑥ 将勺体底部打磨抛光

把这个磁石勺先放在光滑的铜盘上，向下触碰一下勺柄，磁石勺在地磁场力的作用下转动，停稳之后，勺柄指向了南方（图2-3-3）。它的指向性还是不错的。再把这个磁石勺放到普通的木头桌面上。它的指向性也还是很准的。本书作者做了很多测试，把它放到水泥地上，放到普通的地板上，比较平整的石板上以及砖头上，指向性都是不错的。在测试中发现，磁石勺要想指南，支撑面一定要硬、平整，并不要求特别光滑，略有颗粒感反而可以增加微小振动，有助于完成转向。

2-3-3

磁石勺样品· 黄兴 制+摄

将磁石勺放在由透明有机玻璃和小铁针制成的支架中央，磁石勺周边的磁力线三维分布就清晰地展现出来。可以看到，磁力线从它 N 极即勺头出来，转到 S 极，形成一系列非常优美的曲线。说明这块磁石磁性分布均匀，方向一致程度也很高，表明这是一块很好的磁石料。还有磁力线的动态展示，把磁石勺放在有机平板玻璃上，板下面有很多小铁针。轻轻敲击有机玻璃板，磁石勺就会转动起来，周围小铁针的方向也跟着转，展示出磁石勺周围磁力线随着磁石勺一起转动的情景。这是一个很有趣的现象。

2-3-4

磁石勺磁力线三维静态演示 · 黄兴 摄

现在大家可以认识到，用天然磁石做成的勺子确实可以指向。从技术上没有问题。

有人可能又会想到，外形加工对磁石的磁性有没有影响？这个磁石勺现在可以指南，过段时间还能不能指南？可以告诉大家，这个勺子是在 2015 年 2 月份制作出来的，到本书出版、印刷时已经 5 年多了，一直可以指向。

同时，本书作者对磁石勺的磁矩(磁偶极矩)做了一个长期的测量。磁石勺能不能指南，从自身来说取决于它的磁矩大小。但是现有的磁矩测量设备或者要求被测物体外形是圆柱体或正方体；或者要求被测物体外形尺寸小于 1 厘米，否则无法放检测腔内。磁石或磁石勺外形不规则，外形尺度在 10 厘米左右，用现有的手段很难测量它的磁矩。

本书作者研制了一个磁石磁矩测量装置，其基本原理是：将磁石悬吊起来，用力传感器测量它在磁场中的力矩；改变磁场强度，力矩也跟着变化；进而得到力矩与磁场强度的比值；再用标准样品进行标定，就得到了被测样品的磁矩。它可以测任何形状、尺度在 15 厘米以内的磁体的磁矩。

▶

2-3-5

磁石磁矩测量装置 · 黄兴 制+摄

【已获得国家发明专利授权，专利号：ZL201710144060.4】

本书作者用这个装置测量了磁石加工成勺状的过程中以及成形后500天内的磁矩值。结果显示，在磁石加工过程中，经历摩擦也好或是被撞击也好，磁石本身没有退磁；制作完成后过了一段时间，第88天再测量，磁矩下降约20%，但之后一直保持稳定，直到现在，磁矩没有再改变。显然，磁矩的这种变化并不是因为加工摩擦导致的，而是因为它形状改变以后，内部的平衡被打破了，磁石向较低磁能状态演变。一旦平衡之后，磁矩就不会再降低了。

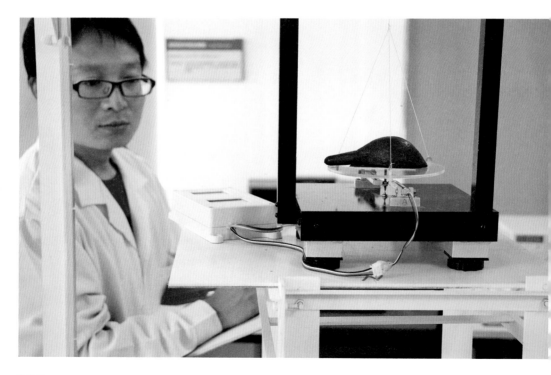

2-3-6

磁石勺磁矩测定 · 吴世磊 摄

还有人提出，为什么必须做成勺子，其他形式行不行？本书作者也做了一系列的实验，最终结果是其他方法有很多也是可行的。但是各有各的缺点。比如悬吊的方法，吊起来确实可以指向。而且在做勺子的过程中，首先就把磁石吊起来，磁石就会有固定的朝向，在上面标注一下，就可以指示方位。但磁石稍有扰动就会晃晃悠悠，很长时间才停下来，当然可以用手辅助一下以提高效率。把磁石放在木片上，浮于水面指南，优点是有一定的阻尼，可以很快稳定下来；但它容易漂到容器边沿。

再返回来看，把磁石制成勺状，底面呈球面，转动的时候与地面是滚动摩擦，阻力很小；如果发生平动，是滑动摩擦，阻力较大；这样就将转动阻力与平动阻力区分开来，有助于顺利指向，也不容易横向漂移。为了降低重心，磁石上面挖凹，再加上一个指向柄，自然就成了勺形。如果做两个指向柄，分别指示南北可不可以？不是说绝对不行。但是这样会让磁石的质心位于中心，导致转动惯量小于只有一个勺柄的情况；会缩短磁石勺晃动的时长，不利于完成指向。所以，从力学角度来看，勺状外形有着诸多的优点。

可能大家又会想到，如果不切割磁石，而是将其放在其它材质的勺子里面会怎么样？放在铜勺里做了试验，也是可以指南的；但整体的平均磁化强度被铜勺给降低了，相当于磁石的剩磁减弱了。放在铁勺里，铁是铁磁性的，把磁石给半包起来造成磁屏蔽，指向效果更差。

还有人提出来，把铁勺摩擦磁化了行不行？我也做了系列测试，刚摩擦完，有时候可以指南，有时不行，再过一会，基本上都不行了。摩擦磁化属于等温剩磁，不够稳定。铁勺的质量远大于铁针，得到的剩余磁化强度远低于铁针。摩擦磁化不适用于勺状方案。

古人能制成指南勺吗

有的朋友又会问了，现代人做出来的磁石勺能指南，古代人能不能做出来呢？这个问题要分三步来研究和回答。

第一步，古人能得到的天然磁石的磁性有多强。

古籍中有很多这样的描述，如磁石可以吸引一两斤刀回转不掉；能将十数根针前后虚连起来，不会掉下去。但类似这样的文字并没有说用的磁石有多大。大块磁石肯定会好一点，磁石太小的话肯定有难度。我们找到的最可用的文献是南朝刘宋时雷敩的《雷公炮炙论》。该书记载：一斤磁石，上等的能吸一斤铁，中等的能吸八两铁，下等的能吸五两多铁。当时一斤约220克，合16两。

用采集到的磁石进行吸铁测试：将磁石放置在铁粉中，用铁粉将其完全堆积埋住，用食指与拇指捏住磁石中间位置，拿起来在各个方向轻轻转动，使没有被吸附牢固的铁粉在自身重力作用下自然脱落；再将其放入玻璃皿中，置于电子天平上称重。实验中用了0.01mm和1mm两种铁粉（图2-4-2）。吸铁多的磁石，其吸铁比例是90%多，相当于中上等磁石；差一点的能吸30%多。这说明古人也可以采集到我们现在所用的磁石。

炮制丹砂·《补遗雷公炮制变览十四卷》明万历十九年（1591）内府写彩绘稿本

【中国中医科学院图书馆藏】

2-4-1

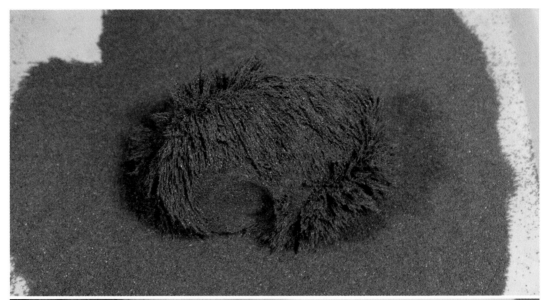

2-4-2

磁石吸铁测试（0.01mm 铁粉和 1mm 铁珠） · 黄兴 摄

这样的结果也给我们两点启示。第一，磁铁的吸铁量除了与剩余磁化强度有关，还和磁石的形状有关。细长状的磁石由于磁路比较长，同等强度下，吸铁能力下降。第二，有的磁石有多个磁极，虽然整体磁矩和平均磁化强度降低，但吸铁量不受影响。所以吸铁量和磁矩或磁化强度并非成正比关系。

天然磁石的形状是自然形成的，较为随机，细长状磁铁也很常见。古人以吸铁率来衡量磁石磁性的时候，很可能发现了细长状磁铁吸铁较少的现象。古人不可能去测量磁矩或剩余磁化强度，也没有具体就此现象作出专门的解释和论述，可能将之列为磁性较弱的类别。

第二步，古代能否将磁石加工成勺？

常有人怀疑古代是否有能力将磁石加工成勺状。这种担心其实没有必要。目前虽然很少见到古代加工磁石的历史资料，但石器和玉器加工工艺的资料很丰富。这些材料的加工工艺是相同的。

自石器时代特别是新石器时代以来，人们在石器加工方面积累了丰富的经验，留下了大量精巧、美观的石器。东北地区兴隆洼文化（距今 8000 年）、赵宝沟文化（距今 7000 年）至红山文化（距今 6000~5000 年）均出土一些石杯、石罐、石臼、石筒等器皿形石器，说明已经具备了原始的掏膛工艺。在红山、良渚文化时期（距今 5300~4500 年），出现了数量众多、形态各异的玉石器，微痕分析和复原实验表明，当时至少已经出现了研磨、刻划、线性切割和钻孔等方法；借助水和解玉砂，经过锊、錾、冲、压、勾、顺等工序，可完成精细复杂的切割、开槽、穿孔、抛光等工作。

新石器时期出现了玉石勺。安徽凌家滩文化遗址（距今约5000年）出土的玉勺，线条流畅，形态优美，跟今天的汤匙没有多大区别（图2-4-3）。凌家滩文化遗址也出土一件玉喇叭，底部实心钻孔，然后再加工修磨扩大，并将表面抛光，使之光滑润亮（图2-4-4）。两种加工工艺并用就可以制作出我们前面用来指南的磁石勺。

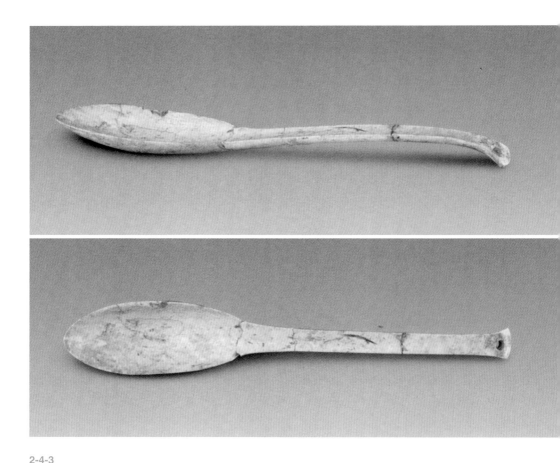

2-4-3

新石器时期玉勺·安徽凌家滩文化遗址（距今约5000年）出土

【图片来源：安徽省文物考古研究所，2006】

说
明

玉勺（87M4:26），长16.5厘米，玉沁成灰白色，
勺为椭圆形，长把，勺尾端有一圆孔。

青铜时代和铁器时代以来，金属工具的使用极大地提高了石器加工效率。掏膛、器壁磨圆、抛光等技术进一步发展。商代晚期妇好墓出土的玉簋，器内掏膛，膛口较大，器外出脊，器身装饰双勾阴刻云雷纹，周身抛光，显示了较全面的治玉技术（图2-4-5）。

春秋时期玉勺所表现出来的制作工艺已经完全可以制作指南所用的磁石勺。河南省陕县上村岭出土春秋时期玉勺，青绿色，通长5.3厘米。勺部作圆形，径2.5厘米。光滑、圆润；上壁较薄，下壁较厚，外壁呈弧形，底部平齐。柄长3厘米，略有弯折，勺柄端有方形榫，榫两侧有对穿孔（图2-4-6）。如果将底部打磨成球面，勺窝中心偏柄部，勺柄短小一些，就可以立起来。

两汉时期也有大量玉器，形制多样，全国各地均有发现。汉代画像石更为普遍，广泛采用浅浮雕、高浮雕、平面雕、透雕、圆雕等技法。汉代制作磁石勺完全不存在任何技术困难。

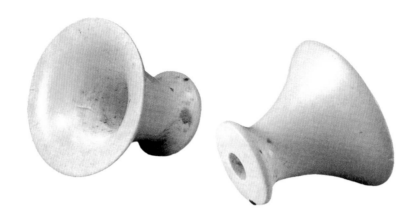

2-4-4

玉喇叭 · 凌家滩文化遗址出土

【徐琳，2011：68】

2-4-5

玉簋 · 商代晚期妇好墓出土

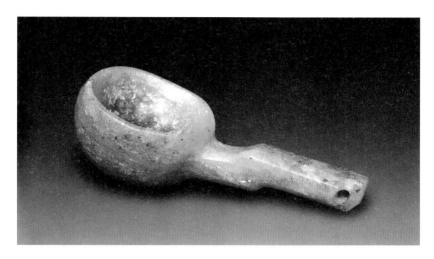

2-4-6

玉勺·河南省三门峡市上村岭春秋时期墓出土

【国家博物馆藏】

青绿色，有光泽，通长5.3厘米，勺作圆形，径2.5厘米。勺壁上部较薄，勺壁下部较厚，外壁呈弧形，底部平齐。柄长3厘米，略有弯折，勺柄端有方形榫，榫两侧有对穿孔。

玉器加工最便捷的工具是砣具，通过快速旋转磨头或锯片，实现了较高的加工效率，而且特别适用于钻孔、掏膛工艺。有学者认为，砣具的发明给治玉工艺带来一场革命（杨伯达，1992）。新石器时期是否有砣具，学界尚存争议，但这并非不可逾越的技术障碍，例如陶器制作已经使用慢轮修胎和快轮制陶，并被广泛使用。其次，纺轮也大量出现，证明带配重轮的旋转工具在生活中已广泛使用。如凌家滩文化遗址玉喇叭、晚商妇好墓玉篦等大量玉器表明，进入夏商周时代，砣具已经发明是毫无疑问的。有学者设计了晚商时期的砣具工作场景的复原图（图2-4-7）。

2-4-7

商代跽坐几式砣机示意图 · 杨伯达 复原

【引自：杨伯达，2006.】

古代砣具的面貌始见于明代《天工开物》。该书有砣具的配图，记载用铁片圆盘和解玉砂切割玉石。法国耶稣会士李明（Le Comte）在清代康熙年间来华，将其在华五年间（1687—1692 年）的见闻写成书信寄给国内要人。信中讲述了他在中国见到磁性极好的磁石，以及清朝人用砣机可轻而易举地切割磁石，效率极高（图 2-4-8）。晚清《玉作图说》图文并茂地记载了玉器加工全流程。

2-4-8

清人用砣具切割磁石

【引自：李明，2004.】

从耶稣会士李明的描述中还可以提取到几个重要信息：中国清代磁石资源还是较为丰富的，具有显著剩磁的磁石也不稀缺。这样的磁石在西方是比较少见的。清人用琢玉的工具坨来加工磁石，配合解玉砂和水，实现了很高的切割效率。

综上，至少自商周以来，将磁石琢磨加工成勺状并打磨抛光不存在技术障碍。有人对此担心，是由于对古代玉石加工的历史不了解所致。刘秉正的试验中磁石多有断裂，只能说明其选材不佳，并不能否定磁石的可加工性。磁石是否适于加工，取决于磁石的矿石结构。对于天然矿物而言，即使同种化学物质，其矿石结构往往差别极大。所以选材至关重要。

此外，古代切割、琢磨工艺属于低速摩擦，再配合水冷，不会产生高温。磁石由于热剩磁效应而被磁化，从理论上讲，这样的加工工艺造成的磁石退磁作用会很小。且在本章已有实验数据予以证实。

第三个问题，古代地磁环境中，磁石勺能否准确指向？

地磁场其实一直在演变，近两千年来中国境内地磁场是怎么变化的呢？现在能收集到的主要有北京、洛阳和天水这三个地区的地磁场演变情况（图 2-4-9）。

磁石勺也好，指南针也好，转动的时候是沿着水平方向。驱动其指南的是地磁场的水平分量。两千多年来，这三个地区的地磁场水平分量经过了显著的 M 形变化。最高值是在公元前 2 世纪前后，第一个最低值是公元 10 世纪前后，第二个最低值就是当代。最高值大概是最低值的两倍，也就是说在秦汉唐这段时期内，地磁场水平分量更高。今天磁石勺可以指南，在汉唐时期就更可以。

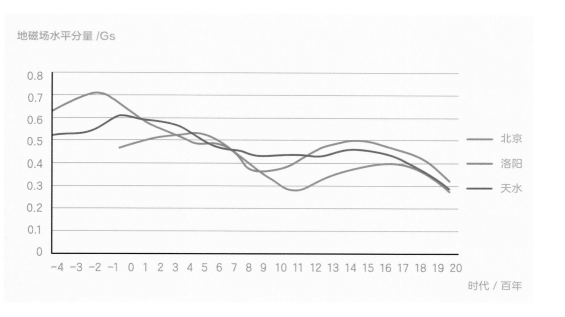

2-4-9

北京、洛阳、天水地区近 2000 多年来地磁场水平分量演变图

北京位于华北平原北端，洛阳位于中原地区，天水位于关中平原的最西端。这三个点围成的区域恰好涵盖了从汉到唐中华文明核心活动区域。关于司南的记载，也发生于这一区域内。

为了检验实际效果，本书作者制作了一个古地磁场模拟装置（图2-4-9）。基本原理是用一个一维方形亥姆霍兹线圈，通以直流电，其核心产生匀强磁场。用磁通门计精确测定，使磁场水平方向的分量达到古代值。然后把磁石勺放进去，用多种地盘来测试。这些地盘有抛光的锡青铜盘、砂纸打光的锡青铜盘、用砂纸打光的大理石、砂纸打光的榆木地盘，甚至粗糙的砖块、石块。

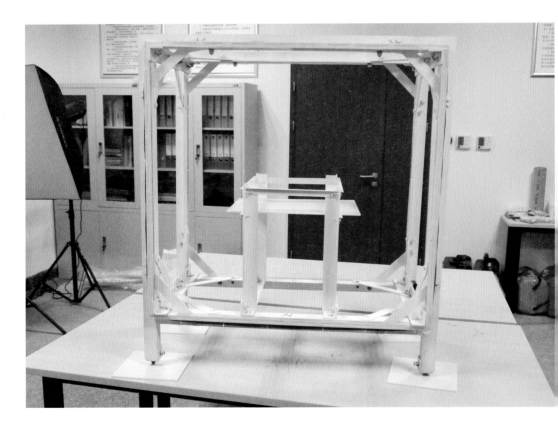

2-4-10

古地磁场模拟装置 · 黄兴 制+摄

实验显示，在地磁场水平分量比较高的时候，在较硬的地盘上，磁石勺的指向性非常好，磁石勺只要放上去，不用触碰，就能够自动指南，多数情况下误差在 0~3 度之间。

磁石勺不是用来瞄准射击或者精确打击的；它是指一个大概的方向。比如我们问路的时候，不可能要求人家的指向精确到 5 度以内。现代人开车用导航也经常出现误差，但并不影响实际使用。

综上，我们做一个小结。王振铎磁石勺方案目前是关于《论衡》"司南"最佳的复原方案。从技术可行性上来说，古人有能力来实现；从各种方案综合比较来看，是一个比较好的方案。但历史上是否真正发明过磁石勺指南装置，《论衡》中的司南是不是磁性指向器，还有待更多的史料来予以证实。

第三章 CHAPTER 3

摩擦磁化指南针

把铁针接近磁石，感应到了磁场，就会被磁化，内部出现感生磁矩。感生磁矩与磁石的磁极方向相反，铁针因此被磁石吸引。将铁针再靠近一些，吸附到磁石上，或者再摩擦几下，磁化效果就会更好。把磁石拿开之后，铁针中的磁矩不会完全消失，仍然具有剩余磁性，这种剩磁称为感生剩磁。把针以合适的方式安装起来，让其能够自由转动。针即在地磁场的作用下指南。这就是摩擦磁化指南针的基本原理。

用铁来制作指南针是一个革命性的进步。天然磁石属于亚铁磁性，一般剩磁最高是 30emu/g。虽然它的饱和磁化程度很高，但是它的磁场一旦撤离以后，剩磁不会那么高。而铁是不一样的，纯铁的剩磁最高可以到 218emu/g。如果再渗碳、淬火的话会更高。由此可以充分施展人的智慧，把其他技术引进来，改善材料性能，提升产品效果。这是一个显著的进步。

如果用磁石加工成磁石勺，磁石就是消耗品，一块磁石只能制作成一个磁石勺；如果摩擦磁化铁针的话，一块磁石可以制作无数个磁针。现在制作罗盘的人，都得有几块磁石。这个磁石对他们的价值真是胜过宝石。

指南针技术不是孤立存在和发展的，很大程度上依赖古代钢铁技术的兴起和进步。根据当前考古发现，中原地区在公元前 8~ 前 7 世纪已经发明了生铁冶炼技术，可以高效炼铁。战国时期初步进入铁器时代；汉代钢铁技术基本成熟，全面进入铁器时代。在整个铁器时代，中国的铁器是极大丰富的，社会文明获得极大发展。在汉代，找磁石矿、做指南针，没有技术困难，到唐代以后更是如此。

用磁石吸针的文字记载，可以上溯到春秋时代。

《鬼谷子·反应篇》记载：

其察言也不失，若慈石之取针，如舌之取燔骨

后世文献中用吸针的数量来衡量磁石磁性。萧梁朝陶弘景（456-536）的《名医别录》记载：

（磁石）今南方也有好者，能悬吸针，虚连三、四（针）为佳。

活跃于唐高宗显庆年间（656-661）的苏恭在其《唐本草注》中亦写道：

（磁石）初破好者能连十针，一斤铁刀亦被回转

用磁针来指南的明确记载，最早出现于中唐到晚唐过渡阶段。

唐代段成式（803—863）所著《酉阳杂俎续集·寺塔记上》：

有松堪系马，遇钵更投针；

……

勇带绽针石，危防井丘藤

注：绽疑作磁

有学者认为这几句诗表明当时已经用磁石摩擦磁化钢针制作指南针；采用水浮法安装指南针。这种指南针可随身携带，行路中用于实际指向。指南针制作、安装和使用的基本要素已经全部具有。

晚唐已有不少堪舆书籍中记载了"指南浮针",记载了地磁偏角。例如在晚唐《九天玄女青囊海角经》中有"浮针方气图"（图3-1-1），已经显示出地磁偏角。

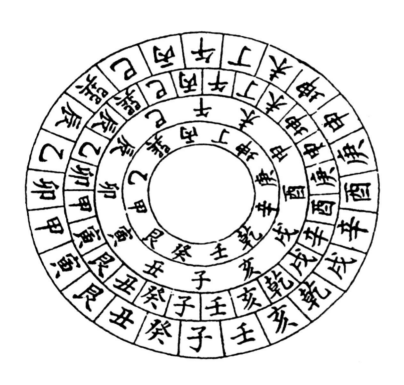

3-1-1

唐代《九天玄女青囊海角经》中的"浮针方气图"

地磁场存在及变化的根本原因学界尚无定论。普遍认为这是由地核内液态铁的流动引起的，并流行一些假说。

最具代表性的假说是 1945 年物理学家埃尔萨塞提出的"发电机理论"：液态的外地核在最初的微弱磁场中运动产生电流，进而增强原有磁场。由于摩擦生热的消耗，磁场增加到一定程度就稳定下来，形成了现在的地磁场。

还有一种假说用"磁现象的电本质"来解释：地核在 6000K 的高温和 360 万个大气压的环境中有大量的电子会逃逸出来，在地幔间会形成负电层。地球自转必然会造成地幔负电层旋转，由此产生磁场。

地球磁场并非恒定不变，而是存在着复杂变化，如强度变化、磁极漂移，乃至磁极翻转。地球磁场的长期变化表现有 $1\sim10^5$ 年的周期，地磁场极性间隔的持续时间为 $10^4\sim10^8$ 年。古地磁学研究者根据熔岩流、海淀岩心沉积的极性建立了关于极性的早期、中期和近期年表。

严格地讲，地磁场所表现出来的磁偶极矩实际上是虚偶极矩，是诸多非偶极矩的合成量。也就是说地球磁场分布是不规则的。两极最强，除了两极还有次强的地区。最显著的分量是一个四偶极矩。非偶极矩的变化对地磁虚偶极矩影响很大，特别是会造成各地地磁场的倾角和偏角有显著差别。

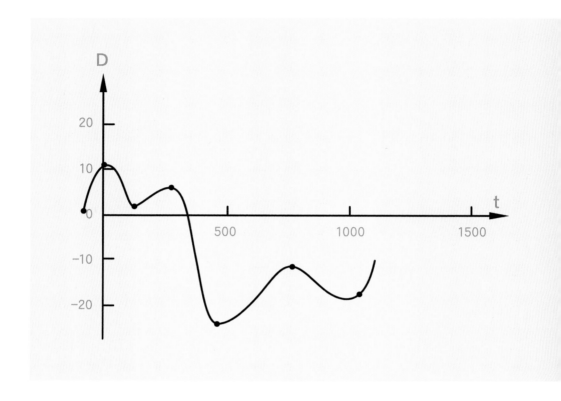

3-1-2

汉代至北宋洛阳地区地磁偏角的变化

【引自：WEI Q Y，LI T C，CHAO G Y，Chang W S et al，1981.】

到了北宋，指南针技术来了个大爆发。很多书中都讲到了指南针。方士以外的科学家、医生、官员等都测试或思考过指南针。

天文学家、占卜家杨维德（约 987—1056）于庆历元年（1041）编撰相墓书《茔原总录》，今在国家图书馆尚存残卷。其卷一"主山论"中说：

客主取的，宜匡四正以无差，当取丙午针，于其正处，中而格之，取方直之正也。……故取丙午壬子之间是天地中，得南北之正也。

这段文字说的是风水师用罗盘确定地理南北方向的方法。丙子、壬午是方位盘上标示方向的文字。这个方位盘很可能是占卜家使用了上千年的带有方位的杌盘。磁针与方位杌盘合用，表明磁罗盘（图3-1-3）诞生了。杨维德长期官于司天监，曾是闻名的公元 1054 年超新星爆发的观察者和记录者，晚年又从事相墓风水。

几乎与杨维德同时，堪舆师王伋（生活于约 988—1058 年间）写下一首《针法诗》：

虚危之间针路明，南方张度上三乘。
坎离正位人不识，差却毫厘断不灵。

诗中"虚"、"危"、"张"三字均是以星宿名表示的罗盘方位：虚为正北，危为虚之偏西，张为正南偏东一宿名。"坎"与"离"是八卦表示的正子（正北）和正午（正南）之方向。磁针指"虚危之间"与杨维德所言"取丙子壬午之间"相吻合，即此时京都汴京（开封）的地磁偏角为 7.5 度左右。杨维德和王伋的文字作品说明此时罗盘已是堪舆风水师手中不可或缺的观测仪器。

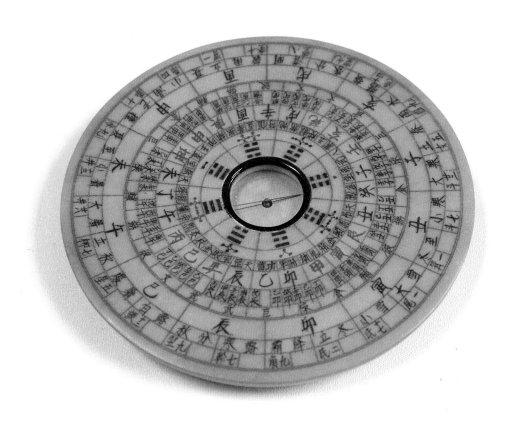

3-1-3

传统风水罗盘·黄兴 摄

指南针在当时同样引起了很多学问大家的关注。在他们的著作中也讲了如何制作指南针，也思考了指南针为何会指南。

沈括的《梦溪笔谈》中记载：

方家以磁石磨针锋，则能指南。然常微偏东，不全南也。水浮多荡摇，指爪及碗唇上皆可为之，运转尤速，但坚滑易坠，不若缕悬为最善。其法，取新纩中独茧缕，以芥子许蜡缀于针腰，无风处悬之，则针常指南。其中有磨而指北者。予家指南北者皆有之。

磁石之指南，犹柏之指西，莫可原其理。……以磁石磨针锋，则锐处常指南，亦有指北者，恐石性亦不同。如夏至鹿角解、冬至麋角解，南北相反，理应有异，未深考耳。

这段话明确地说这时的指南针是与磁石互相摩擦而磁化。磁化之后，提到了指南针会略偏东。针尖有的指南，有的指北。可能是磁石的性质不同。还介绍了悬吊、水浮、指甲放置、碗唇放置等四种指南针的安装方法（图3-1-4）。指南针为什么会指南？沈括是北宋最博学的人之一，但当时没有铁磁学和地磁学的知识，他对此自然无法解释。于是沈括大大方方地说不知道。为什么有的针锋会指北，沈括认为是磁石性质不同所致。

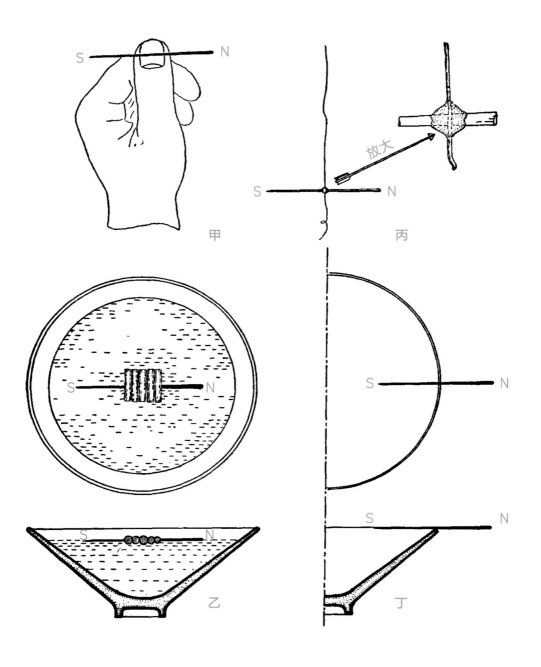

3-1-4

沈括《梦溪笔谈》四种指南针安置方法复原图（王振铎）

【采自：王振铎，1948b】

在今天的知识基础上来看，原因很简单。磁石上有 N、S 两极。针尖指南还是指北，要看针尖与磁石的哪个部位来摩擦。与 N 极摩擦，针尖被磁化为 S 极，自然指南；否则就会指北。沈括当然无法解释得如此透彻，但他从逻辑的角度将原因归结为"石性"不同，已是在当时知识体系下做出的最接近科学真相的解释。

关于怎么制作指南针和解释指南针"偏东"，北宋寇宗奭（1985）《本草衍义》卷五（刊于公元 1116 年）也有记载和论述：

磁石，色轻紫，石上鞋涩，可吸连针铁，俗谓之熁铁石……其玄石，即磁石之黑色者也，多滑净，其治体大同小异，不可不分而为二也 磨针锋则能指南，然常偏东，不全南也

其法取新扩中独缕，以半芥子许蜡缀于针腰，无风处垂之，则针常指南 以针横贯灯心，浮水上，亦指南然常偏丙位，盖丙为大火，庚辛金受其制，故如是 物理相感尔

《本草衍义》对指南针偏东指向丙位的解释是，丙位为大火，铁针制作过程中也经历过高温，互相感应，所以会偏。这种解释也是基于当时的知识体系，但在今天看来，显然是错误的。

在江西临川南宋墓里面发掘出两个张仙人俑。其中一个面部有些坏掉了，品相不太好看；另一个比较完整（图3-1-5）。这两个陶俑手里各拿一个罗盘。上面的磁针和刻度都很清晰。磁针中心有一个小孔，应该是旱罗盘，即在罗盘面中心安装一个立轴，支撑磁针。

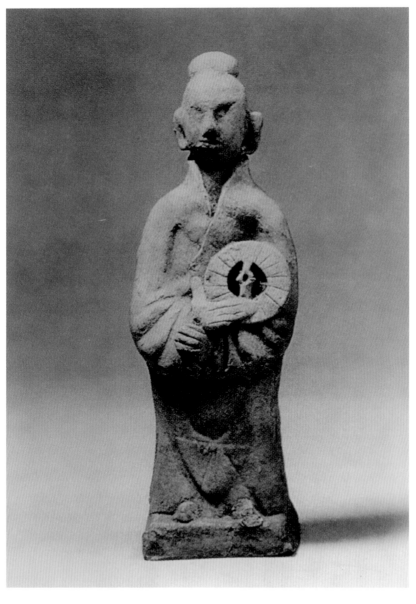

3-1-5

江西临川南宋墓出土的张仙人俑

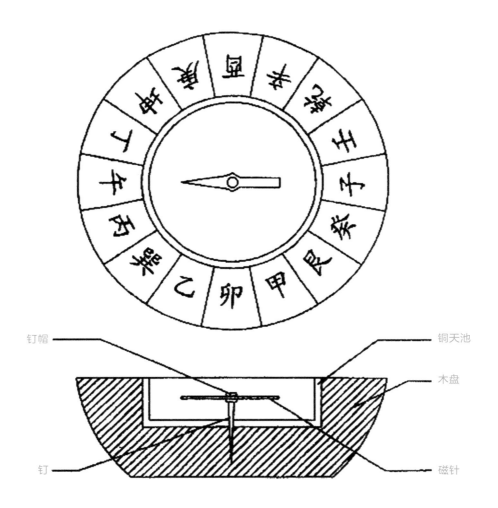

3-1-6

江西临川南宋墓张仙人俑罗盘复原图·潘吉星 绘

解密传统指南针

在当今的安徽万安镇一带仍然传承着传统的罗盘制作工艺。木刻盘体的制作工艺我们不多说，主要是把它拆解开，看看里面是什么结构（图 3-2-1，3-2-2）。

里面的磁针是这样安装的：首先用一条窄铜片对折，中间夹牢磁针；铜片两端从一个圆形铝片中心的小孔穿过来，再向两侧分开，两端分别插入小铜托的两边，边缘再折回来，夹紧；铜托中间冲一个凸起，用细针顶起来。由于铜托有一定的重量，且重心比较低，磁针就会稳稳地顶起来，且能自由晃动，不会倾倒。当罗盘侧立或颠倒时，圆形铝片可以防止铜托和磁针掉出来，顺便把铜托和下面的部分遮住，显得整齐。圆形铝片上面再用一段短圆环压住，圆环上端安装圆形玻璃，防止杂物触碰或掉进磁针的工作空间中。

其他地方制作的罗盘，很多是将磁针和针帽做成一体（图 3-2-3），直接用针顶起来，上面再加一个玻璃盖，玻璃盖与针帽之间留很小的缝隙，保证磁针可以灵活转动，也不会掉下来。

▶

3-2-1

安徽万安镇罗盘拆解图·黄兴 摄

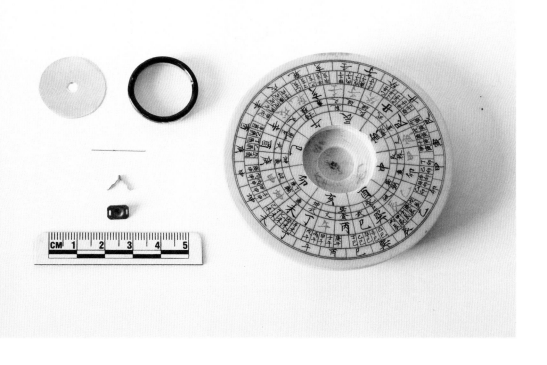

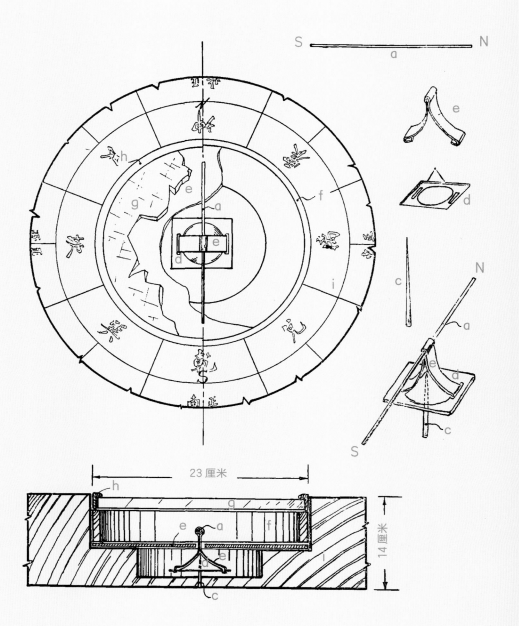

a.磁针　b.人字型针架　c.铜针　d.铜针帽　e.锡片
f.木圈　g.玻璃片　h.扣圈　i.木盘

3-2-2

安徽休宁万安所制罗盘构造示意图

【引自：王振铎，1989.】

3-2-3

京文堂罗盘天池——磁针与针帽为一体式 · 黄兴 摄

　　在罗盘出现之初，还没有玻璃盖。照其他罗盘作用的方法，磁针很容易掉下来。当时也可能干脆就将磁针做成分离式的，不用的时候收起来，用的时候再放上去；为了应对磁针退磁，就随身携带磁石。古人在讲述指南针的时候，也常将"磁针石"连用，可能就是因此而来。

　　相比之下，万安镇罗盘的磁针没有玻璃盖也不会掉出来。这一安装方法显然保留了玻璃盖出现之前的设计。

制作罗盘最关键的是将磁针磁化，属于核心技术。现存的罗盘制作工艺中，他们所用磁针的材料和磁化方法都是保密的。从原理上说，铁针摩擦磁化可以获得等温剩磁，这属于次生剩磁，操作方便，但稳定性差，容易退磁。如何提高磁针的剩磁，并适合于所用环境，是历代指南针制作者长期探索和实践的问题。

古代指南针的指针大致分为两类。一类是针状的，包括钢丝式、箭头式等，质量很小，明显呈细长状。它为什么要这么长、这么细？用什么材质比较好一点呢？

本书作者用不同含碳量、不同长度、不同直径、不同热处理的钢丝式磁针与磁石摩擦，做了一系列实验，然后再测量它的磁矩。磁针的磁矩怎么测呢？其实直接测也是难以办到的。本书作者设计了一种方法，先测量磁针的长度和重量，据此计算磁针的转动惯量，再把磁针吊起来，在不同的磁场中，测它的摆动周期，就可以计算它的磁矩和磁化强度。把这些数据比较一下就有不少发现。

首先，随着含碳量从 0.1% 提升到 0.7%，剩磁则提升了 10 倍左右，非常显著。所以应当尽量选用高含碳量的铁针。对多个万安罗盘磁针的金相分析显示，其中既有中高碳钢，也有中低碳钢。在古代，早期的铁针，比如公元前 3 世纪新疆鄯善地区苏贝希墓地出土的铁针，从金相图来看，属于低碳钢。高碳钢丝在古代条件下难以加工。古人制作罗盘针，就只能用中低碳钢来做了。

3-2-4

万安罗盘磁针金相照片

上: 中高碳钢, 片状和板条状马氏体; 晶粒细小, 经历过反复淬火
下: 中低碳钢, 铁素体和珠光体; 晶粒细小, 经历过淬火和回火

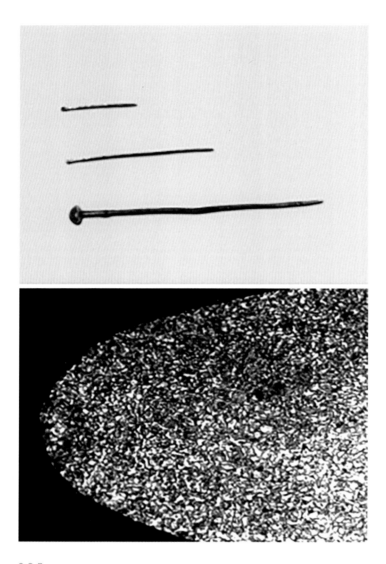

3-2-5

公元前 3 世纪新疆鄯善苏贝希墓地出土的铁针及针尖金相图（低碳钢）·潜伟供图

其次，我们测试了三种热处理方式：一种是未进行热处理；一种是淬火，即加热铁针置于水中急速冷却；一种正火，即加热铁针在空气中冷却。铁针很细，在空气中正火冷却速度也不慢，与淬火有一定的等效作用。最终显示，热处理对磁化强度的提升作用也是很明显的。淬火以后，磁化强度会显著提升。但正火以后摩擦磁化，低碳钢的剩磁略有提高，高碳钢的剩磁有所降低。所以，将铁针淬火后再摩擦磁化，可以显著提升剩磁。

最后，我们对针的形状进行实验比较，发现磁针越长，转动惯量越大，摆动周期越长，不利于快速定向，尤其对于旱罗盘。如果把它减短一些、加粗一些，这样会有利于快速定向，而且稳定性也会好一点。这一点，跟现代指南针的发展路线是一致的，我们后面还会提到。

把万安罗盘的磁针视作古代工艺的产品，跟上述实验所用的各种磁针做一个比较。万安罗盘磁针的磁化强度是 39emu/g 多。在本实验中，最高的磁化强度可以达到 400emu/g 多。这样我们就把它的技术水平的整体轮廓看得清楚了。古人可能这么做，也可能是那么做，也不会超出这么一个范围。

抽線琢鍼圖

3-2-6

明代宋应星《天工开物》琢针图

讲到这里，我们还可以顺便解释另外一个问题。有朋友可能会想，如果唐末之前存在磁性指向器的话，为什么没有发现地磁偏角？ 20世纪20年代日本学者也曾以此为理由，认为宋代以前没有指南针。

经过前面的实验就会发现，这个原因其实很简单。请大家回想一下，我在做磁石勺的过程中，首先要给磁石标定南北方向，然后沿着南方加工出勺柄。按道理讲，当时还没有磁针式指南针，只能用日影测南等天文方法来定南北，即得到地理南北方向。照此加工，磁石必然指向地理南北，不是指向地磁南北。除了磁石勺，其他用天然磁石来指向的方法，磁石悬吊、水浮、放在铜勺里等都是如此。所以用天然磁石指向，不支持发现地磁偏角。

摩擦磁化铁针恰恰相反。铁针是先制作成形，然后摩擦磁化，磁化方向必然沿着长度方向，长度方向必然会指向地磁的南北极方向，这样就导致地磁偏角的发现。那好，再倒过来一想，人们开始发现地磁偏角，其实也正意味着这种铁制指南针的出现。当然另一个前提是地磁偏角比较明显。所以地磁偏角发现之前，用磁石做成指向器的可能性是不能排除的。

十一月昏營室中上輙中　土月昏奎中上方中

若遇天景曀霾夜色暝黑又不能辨方向則當縱老馬

前行令識道路、

或出指南車及指南魚以辨所向指南車法世不傳魚

法用薄鐵葉剪裁長二寸闊五分首尾銳如魚形置

炭中火燒之候通赤以鐵鈐鈐魚首出火以尾正對

以子位蘸水盆中沒尾數分則止以密器收之用時置水碗於無風處平放魚在水面

令浮其首當南向午也。

第四章

热剩磁指南鱼

莫辨。又值夜晦當視地辰及候中星為正。

正月昏昴中旦心中

二月昏井中旦箕中

三月昏柳中旦南斗中

四月昏翼中旦牽牛中

五月昏角中旦危中

六月昏氐中旦壁中

七月昏尾中旦妻中

八月昏南斗中旦畢中

在古代，几乎全世界的指南针都采用摩擦磁化。只有中国作为指南针的初始发明国，还有一个独门绝技——利用热剩磁效应来磁化指南针。

在北宋《武经总要》中记载一种"鱼法"（图4-0-1）：

鱼法以薄铁叶剪裁，长二寸，阔五分，首尾锐如鱼形。置炭火中烧之，候通赤，以铁钤钤鱼首出火，以尾正对子位，蘸水盆中，没尾数分则止。以密器收之。用时置水碗于无风之处，平放鱼在水面令浮，其首常南向午也。

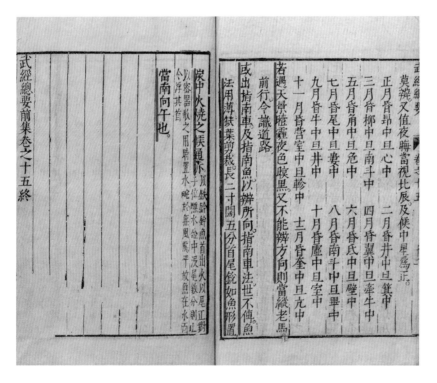

4-0-1

《武经总要》中关于"鱼法"的记载

【采自：[宋]曾公亮 等编，郑诚整理．2017.】

这段文字大意是：将薄铁叶剪裁而成鱼形，长约二寸（7厘米），宽约五分（1.5厘米）。放在炭火中烧到通红，用铁钳夹住鱼首，把它给拿出来，正对子午位即南北方向淬火。平时收藏在密器中，用的时候放在水面上，鱼首通常都会指向南方。

1945年王振铎认为这是靠磁石摩擦磁化的（图4-0-2）。文献中并没有说出磁石，是为了保密，可能密器里面有磁石。1956年刘秉正提出，这是把铁片加热到居里温度770℃以上，变为顺磁体，然后沿着地磁场南北方向放置，利用地磁场的热剩磁把铁片给磁化了。后一种听起来很高深，是目前的主流观点，在专业学术著作、教科书上都这样讲。而本书作者通过实验发现《武经总要》"鱼法"的磁化机理并非如当前的地磁场热剩磁说所言，而是另有玄机。

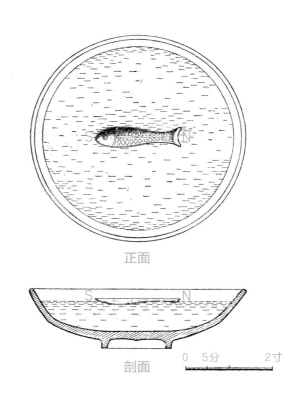

正面

剖面　　　0　5分　　2寸

4-0-2

《武经总要》"鱼法"外观复原图（王振铎）

【采自：王振铎，1948b.】

意外的发现

　　我们从系列实验中得到了一个意外的发现。用中低碳钢片，经过剪裁和锻打，制作成十数个鱼形铁片，都可以漂浮在水面上（图4-1-1）。把它们放到炉子里面加热到850℃，炉口温度非常高。我用铁钳夹住鱼形铁片之后，不管是夹住什么位置，先拿出来，沿着南北方向淬火（图4-1-2）。结果鱼形铁片不指南北，而是指向东西！

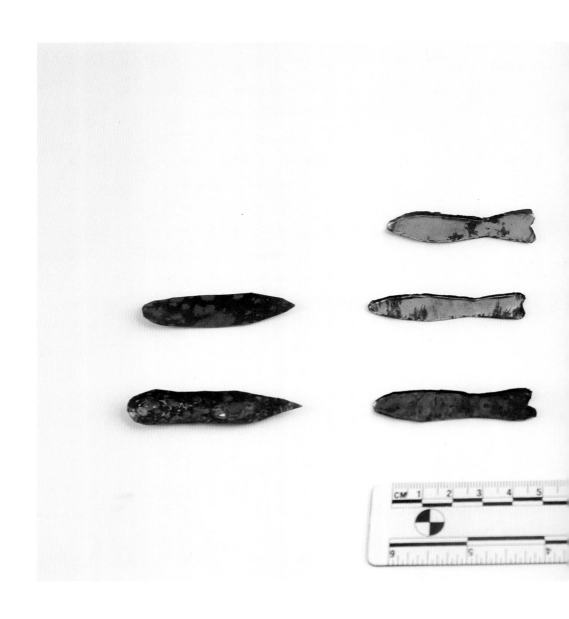

《武经总要》"鱼法"铁片鱼·黄兴 制+摄

4-1-2

用马弗炉加热铁片鱼（上）·张志会 摄

将鱼形铁片淬火（下）·张志会 摄

　　奇怪吧，指南鱼要么指南，要么没有固定指向，怎么会指东西呢？我用高斯计来测量它周边的表磁，发现磁性最强的地方，正是被铁钳夹的地方，为 S 极，有 21.4Gs（图 4-1-3）。我瞬间明白了，所谓指示东西，其实是长度方向指东西，宽度方向在指南北。现在鱼腹在指南，而实验中正是用铁钳夹鱼腹。

夹持部位

S: 21.4

S: 3.3

S: 7.0

N: 15.2

N: 3.3

N: 18.5

N: 6.0

N: 5.0

N: 11.1

S: 1.9

S: 1.7

S: 4.7

单位: Gs

4-1-3

鱼形铁片表磁分布（夹鱼腹淬火）·黄兴 摄

再测铁钳钳头的表磁，发现它为 N 极，高达 60.6Gs，是北宋时候地磁场强度的 90 多倍，高出了两个数量级。再测其他的铁质工具，发现它们都带磁性。表磁最强的是铁锉，它经常磨；剪刀、钳子也都有剩磁，尖端表磁最强（图 4-1-4，图 4-1-5）。

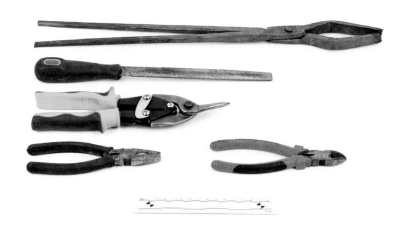

4-1-4

实验室常用的铁质工具·黄兴 摄

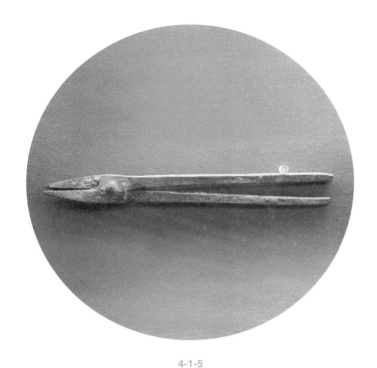

4-1-5

北宋铁钳 · 黄兴 摄

【中国刀剪剑博物馆藏】

此外，我们还做了多种对比实验。用铁钳夹鱼首，拿出来淬火，方向确实指南。把坩埚底朝上放置，铁片放在坩埚底部的上面，放在炉内加热；然后用铁钳夹着坩埚，沿着地磁场南北方向放置，淬火以后发现鱼形铁片没有磁性，也不指南。也就是说地磁场对鱼形铁片的磁化没有起到实质性作用。

将鱼形铁片放置在坩埚底部加热 · 黄兴 摄

　　《武经总要》只说把鱼形铁片烧通赤，究竟多少摄氏度合适？我们把鱼形铁片加热到 400 多摄氏度，不是加热到居里温度以上。夹出来以后，指向效果还是很明显的。即不加热到居里温度以上，只获得部分热剩磁，也是可以指向的。

　　上述实验告诉我们，《武经总要》"鱼法"利用了热剩磁效应。它的磁化是靠铁钳，不是地磁场；地磁场在磁化过程中没有起到实质作用。无需加热到居里温度以上。鱼形铁片适宜用中低碳钢来锻造，通过渗碳、淬火，来增加它的矫顽力。

解密古文献

有了这些科学认识，再返回来读《武经总要》"鱼法"的文献记载，就会发现这些文字精炼、到位，不是随便说的。

文献讲鱼形铁片以薄铁叶剪裁，为什么不是用含碳量较高的钢片？我也用高碳钢做过实验，发现根本就剪不动，锻也打不动；即使烧红了，拿出来马上就降温了，没法加工，所以只能用低碳钢或熟铁。

文献讲鱼形铁片放到炭火中去烧。放到炭火里面且减小鼓风，会形成还原性气氛，这样有利于铁片增碳，提高它的剩磁；如果在炭火外边，则是氧化环境，会造成脱碳，会起反作用。

"候通赤"就是等铁片烧红了再夹出来，而不是用铁钳夹着一起烧，那样会导致铁钳也退磁，磁化效果就不好了。

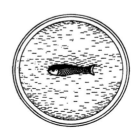

"钳鱼首"而不是鱼腹，是因为夹住什么地方，那里就会被磁化为磁极。文献讲"鱼尾正对子位"，这造成了一些误导，以为地磁场对热剩磁起了作用，其实没有实质性作用。可能是古人也不懂这个原理，而附会的。

文献最后讲"常南向午也"，就是说不是总指南：要么指北，鱼首就是 N 极，说明铁钳的钳头为 S 极；要么没有固定指向，说明没做好，要么温度不够，要么铁钳被烧退磁了或磁性本身就不强。

《武经总要》是一本兵书。军队在野外迷失方向，没有磁石怎么办？随军铁匠们总是有一两把铁钳的吧。铁钳的磁性远远弱于磁石，但利用热磁效应，也可以用来制作指南针。我们不得不佩服古人竟然拥有这样的办法和知识。

这项发明很可能是来自铁匠。他们整天打铁、淬火，做盔甲什么的。军用技术是高度保密的，所以只有在《武经总要》里面有记载，在其他文献里面都没有看到。此法后来"世不传也"，很可能与此有关。

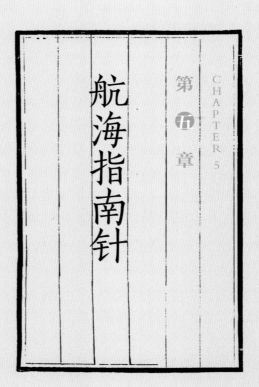

第五章 CHAPTER 5

航海指南针

航海指南针的出现

几乎与沈括同时代的朱彧，在《萍洲可谈》里最早记载了指南针用于航海：

舟师识地理，夜则观星，昼则观日，阴晦观指南针。

该书作者的父亲朱服于元丰（1078—1085）中期任莱州、润州知官，后又任"广州帅"。书中描述广州蕃坊市舶之事多为其父所见闻。因此，航海罗盘最晚在11世纪，与沈括在《梦溪笔谈》（1089年成书）中记述磁针四种安装法大约同时。

此后，航海用指南针导向屡见于文献记载。北宋宣和五年（1123），徐兢奉使高丽，航行途中运用了指南针（《宣和奉使高丽图经》卷三十四）；宝庆元年（1225），赵汝适在其撰《诸蕃志》中描述南海航行以指南针辨方向。南宋咸淳十年（1274），吴自牧在其著作《梦粱录》中记述了浙江海商之舰出海状况：

浙江乃通江渡海之津道，且如海商之舰，大小不等。大者五千料，可载五六百人；中等二千料至一千料，亦可载二三百人；余者谓之"钻风"，大小八橹或六橹，每船可载百人。

……

自入海门，便是海洋，茫无畔岸，其势诚险。盖神龙怪蜃之所宅，风雨晦冥时，惟凭针盘而行，乃火长掌之，毫厘不敢误差，盖一舟人命所系也。愚屡见大商贾人，言此甚详悉。

当该书言及船舰驶入南海，路过"七洲洋"（今海南省东部海域），其时适逢气象变幻莫测：

倾刻大雨如注，风浪掀天，可畏尤甚。但海洋近山礁则水浅，撞礁必坏船。全凭指南针，或有少差，即葬鱼腹。

元代，沿海漕运发达，南方之粮食、布匹成年累月向北方运输，航路上各地点罗盘指向一一标示于航海图簿之中，逐渐形成"针路簿"。并涌现出《海道经》一类的航海图。

元代周达观（约 1275—1346）于元贞元年（1295）奉命出使真腊（今柬埔寨），写下了《真腊风土记》一书。书中详细记述了从温州出发至真腊的航海针路。

明代，永乐年间（1403—1424）航海家郑和（1371—1435）七次出海远洋，其庞大的船队渡南海，穿马六甲海峡，航行东印度洋抵达狮子国（今斯里兰卡），又穿越印度洋，直到非洲东海岸和红海海口。

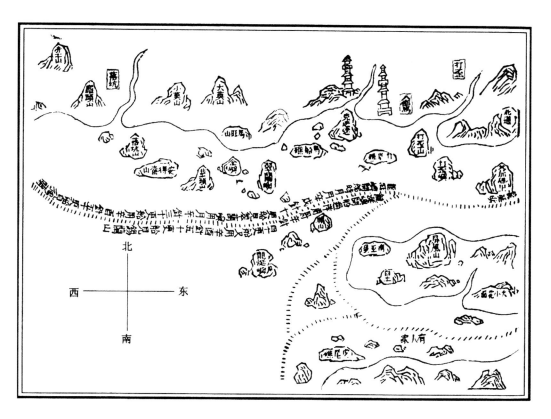

5-1-1

明代《武备志》记载的郑和下西洋航海针路图

【转引自：潘吉星，2002.】

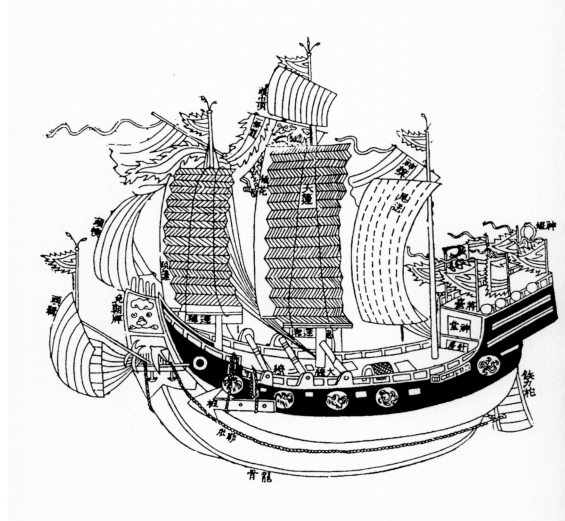

5-1-2

《中山传信录》清代远洋航船"封舟"，船尾有"针房"

【转引自：潘吉星，2002.】

　　1497 年，葡萄牙航海家达·伽马（Vasco da Gamma，约 1460—1524）才绕过非洲好望角抵达印度。中国人发明的指南针或罗盘，开辟了印度洋航线，为此后欧洲人绕过非洲好望角东来打下了基础。在经过非洲南端的东西方海上航线，有一半是中国人开辟的。

　　有关磁针和罗盘的知识是由阿拉伯人从中国传到欧洲的。应当说，一旦罗盘上了航船，其传播之快当与航速相同。1190 年，英国人尼坎姆（Alexander Neckam,1157—1217）最早述及用磁针航海之事。这已在朱服、朱彧父子述及航海罗盘之后约一个世纪。欧洲罗盘的最早设计一说是法国人佩雷格林纳斯（Petrus Peregrinus，生活于 13 世纪中叶）于 1269 年完成的；一说是南意大利的侨民、那不勒斯（Naples）的焦伊亚（Flavio Gioja, 生卒年不详）于 1302 年完成的。

航海指南针是啥样的

　　古代航海指南针多是将铁片锻制成鱼形，与磁石摩擦后浮在水上指南。不光是中国人，在波斯人、印度人的航船上，都是用这种类型的指南针。下图是意大利威尼斯 1485 年出版的《世界球》中的一个鱼形磁针（图5-2-1）。当然，这个有点艺术化了，不用做得这么扭曲。

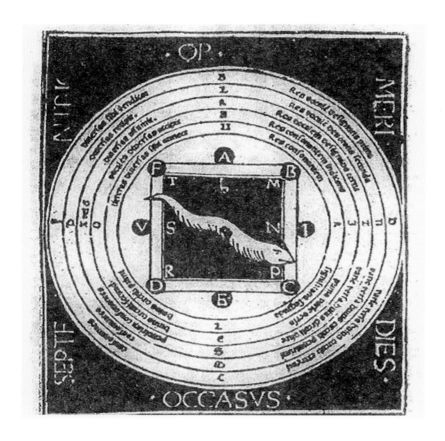

5-2-1

1485 年意大利威尼斯出版的《世界球》鱼形磁针

【引自：潘吉星，2012.】

使用指南针的时候，我们都希望它能够稳定指向，不会摇晃。在陆地上，指南针可以放稳，而且也不需要实时指向。但在波涛起伏的海上航行，需要它能够连续、实时地准确指向，这就带来了问题。

明代航海水罗盘模型·黄兴 摄

【中国科学技术馆展出】

在与磁石摩擦磁化时，在一定的范围内，铁针的质量越大，剩余磁化强度会越低，但其磁矩会越大。因此，航海指南针的磁针要比堪舆罗盘的质量大不少。另一方面，从力学角度来看，短粗状物体，质量分布更加集中于中心部位，转动惯量比较小；在磁场力的作用下，更容易较快地稳定下来，保持正确的指向。所以早期航海者使用鱼形铁片来制作指南针，因其指向效果更加稳定。

当然所谓鱼状，差不多就行，没有必要计较像不像鱼。水浮式指南针如果太尖的话，在尖端水面曲率很大，不利于它浮在水面上。

水浮法的好处是有一定阻尼，不像陆地上的针会晃半天；而且与磁针相比，鱼状铁片长度没有增加多少，但是宽度增加了好多倍。它的磁矩和转动惯量的比值就要显著大于针状。所以在海上起伏的环境下，它具有更好的稳定性。这是古代航海指南针的基本情况。

5-2-3

磁石摩擦磁化指南鱼 · 黄兴 制+摄

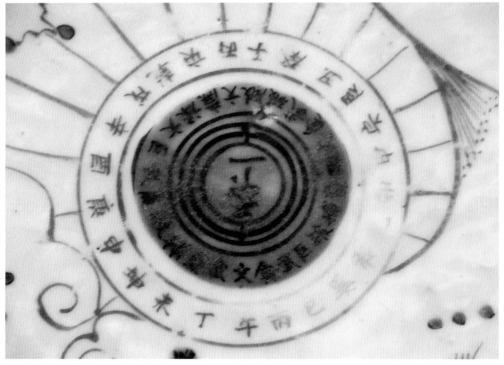

5-2-4

明代万历年间漳州窑烧制的彩釉江景渔船大盘·李亮 摄

盘心铭："天下一"和天干地支二十四字。

【巴黎吉美博物馆藏】

清末福建马尾船厂制作的指南针 · 黄兴 摄

【中国船政文化博物馆藏】

  水浮式指南针容易横向漂移，甚至接触罗盘壁，影响指向效果。13 世纪阿拉伯文献记载的水浮式指南针用较长的磁铁片与木片交叉组合（图 5-2-6），有效克服了这个缺点。

5-2-6

13 世纪阿拉伯水浮式指南针复原模型

【伊斯兰博物馆制作】

5-2-7

17 世纪欧洲带有常平环的航海罗盘复原模型

【伊斯兰博物馆制作】

近代以来的航海罗盘又称磁罗经，不是用针来直接指向，而是用一个带有 360 度刻度的圆盘指示方向（图 5-2-8）。在刻度盘下面对称安装了 4~8 根磁铁，磁铁长度不一，其两端都落在同一个圆周上（图 5-2-9）。再将其放置在一个封闭的壳内，里面充入防冻液，成为水浮式指南针。壳体安装在一个平衡环上。这样在波涛起伏的海上，磁罗经始终会保持水平，不会摇晃。

这样做的原因是：第一，如果用单根磁铁，要达到同样的磁矩，长度会很长，而转动惯量与长度的 2 次方成正比，转动惯量就会变得很大，导致磁体稳定下来所用的时间更长，不能快速定向；第二，现代船都是用铁做的，铁都会有剩余磁性，会干扰指南针。船身剩磁很难完全消除，而且过一段时间又会增加。所以船要定期消磁，并且在磁罗经的两边加小磁块，把船的剩磁平衡掉。但不均匀的二阶剩磁和高阶剩磁，很难消除干净。这样就得把磁铁做得短一点。尽量减小船身的磁对它的影响。

5-2-8

现代航海磁罗经 · 黄兴 摄

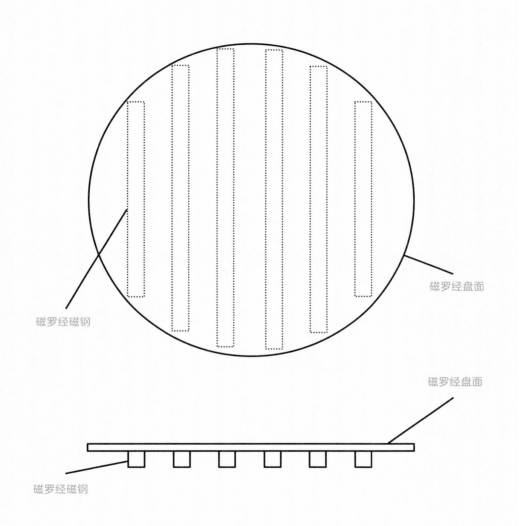

磁罗经盘面

磁罗经磁钢

磁罗经盘面

磁罗经磁钢

5-2-9

现代航海磁罗经盘面与磁针布局示意图·黄兴 绘

航海指南针怎么使用

在海上怎么使用指南针？是从航海图上看一下，测量出目的地的方位角，然后看着指南针一直往前走吗？这只是理想中的一种方式。古代航海地图早先没有经纬度，后来有了，误差也非常大，不能用来直接导航。指南针出现前，远距离航海是一种非常困难的事情。

在指南针用于航海之前，海上航行有时依靠星辰导航，观察太阳和星辰计算船所在的纬度，沿东西方向航行。有时依靠地标导航，即以行船经过的岛屿、灯塔、海岸的方位和自然地貌（图5-3-1~图5-3-4），以及港湾水深、海底土质等作为标志点，沿着这些标志点航行，逐渐到达目的地。

地标导航的缺点是只能近海航行，远海和长距离跨洋航行难以找到地标，容易偏航。宋代起，指南针用于航海，与地标导航相配合，是在已有的航海路线上用指南针标定航向，这样就不会偏航。

唐代"登州海行人高丽渤海道"航路自蓬莱至旅顺，70余海里，将沿途12大岛作为地标，将其地貌绘制成图，称为对景图，逐岛航行。

南宋周去非《岭外代答·卷六·木兰舟》：

周师以海上隐隐有山，辨诸蕃国皆在空端。若日往某国，顺风几日望某山，舟当转行某方。或遇急风，虽未足日，已见某山，亦当改方。苟舟行太过，无方可返，漂至潜处，而遇暗石，则当瓦解矣。

从西方视老铁山

老铁山

老铁山灯塔

077° −14 海里

从东南方视老铁山

老铁山

老铁山灯塔

333° −13.4 海里

纬三在
十锦
一州

铁山

5-3-1

旅顺老铁山对景图

5-3-2

亚历山大城灯塔

说明　建立在巨大的方形底座上，中部是八角形的建筑，上部是直径稍小的圆柱体建筑。灯设在顶部，以树脂为燃料，用大型金属镜面作为聚光，据说 35 英里外都能看见。

5-3-3

泉州六胜塔

5-3-4

位于杭州钱塘江边的六和塔

说明 杭州六和塔位于钱塘江畔月轮山上，始建于公元970年，系佛教建筑，高近60米，呈八角形，内部塔芯为七层砖石结构，外部为十三层木结构楼阁式檐廊，檐角挂104只铁铃。据传该塔为镇潮所建，夜晚兼具灯塔之用，为钱塘江来往船只引航。

指南针用于航海不仅解决了航向问题。如果更进一步，依据航向、航行时间、航速来计算航程，就可以确定位置。在实际中，精确测量航行时间和航速也是很有技术含量的问题，也经历了一番周折。

首先来看计时技术。

在汉唐时期，航海均以"日"为单位。在古代其他地区的航海活动中也是惯用的方法，例如，早在公元前波斯王大流士派遣海上远征队前去非洲探索时，即"用昼夜航行的航程（大约相当于 40 海里）来测定距离"。这种计时方式较为粗略。

大约从明代郑和航海开始，以"更"作为计时单位，一昼夜分为十更，则一更约合今 2.4 小时。明代嘉靖年间的《筹海图编》记载：

更者，每一昼夜分为十更，以焚香支数为度

清代黄叔璥《嵘台海使搓录》也说：

更也者，一日一夜，定为十更，以焚香几枝为度。

陆地上燃香以"更"计时，出现很早。南朝梁时，即有"烧香知夜漏，刻烛验更筹"之说。将燃香计时方法应用到风涛颠簸的海上航行十分相宜，利用点燃的线香，可以很容易地测量出足够准确的时间。

航海中也常以"一更"的航程为单位，《西洋朝贡典录》称："海行之法，六十里为一更。"用于计算航程时，以每更约合 60 里为基础来计算。清陈伦炯《海国闻见录》：

每更约水程六十里，风大而顺则倍累之，潮顶风逆则减退之。

可知"更"并非定数，因而在各书中竟有每更五十里、四十里、三十里诸说。

海船在航行中受航速与风潮顺逆、航道广狭等因素的制约，每更的航程当然只能是一个概数；而且只能用于特定的航段，不能用于其他航段。但在难以测定船速情况下，计时是唯一的计程方式。只要这段航程的海流、海风等水文情况不变，这样的计程方式实际上也是可行的，问题不大。

正因为以更为计时单位的应用和推广，从明代开始，"针路簿"逐渐被称为"更路簿"。

西方航海者多用沙漏作为海船计时器。沙漏大约在公元 12 世纪与指南针同时出现，主要作为夜间海上航行的仪器被发明。因为在白天，水手们可以根据太阳的高度来估算时间。从 15 世纪起，沙漏在海上，在教堂里，在工业上和烹饪中被广泛应用。据王振铎考证，中国使用沙漏系由荷兰与西班牙海船来华时传入。

明代李日华在《紫桃轩杂缀》中说：

鹅卵沙漏，犹如鹅卵，实沙其中，而颠倒渗泄之，以候更数。

清代徐葆光《中山传信录》（1719 年）中记载：

今西洋船用玻璃（沙）漏定更，简而易晓。细口大腹玻璃瓶两枚，一枚盛沙满之，两口上下对合，通一线以过沙，悬针盘上，沙过尽为一漏，即倒转悬之，计一昼夜约二十四漏

早期的机械钟表依靠重力摆来控制擒纵器，进而控制钟表走时。在海上，重力摆自然无法像陆地上一样精准摆动。精确的航海钟是人们长期寻求而且急需解决的。这一问题由英国钟匠约翰·哈里森（1693—1776）解决。他发明了航海精密计时器。由于地球是球形的，经度不同的地方，地方时刻也不同。而且利用航海钟记录基准时间，再与地方时刻相比较，就可以得出所在地方的经度，从而解决了经度计算这一难题的关键一环。精密计时器使航海技术发生了革命性的巨变，使安全的长距离海上航行成为可能。

5-3-5

英国人约翰·哈里森像

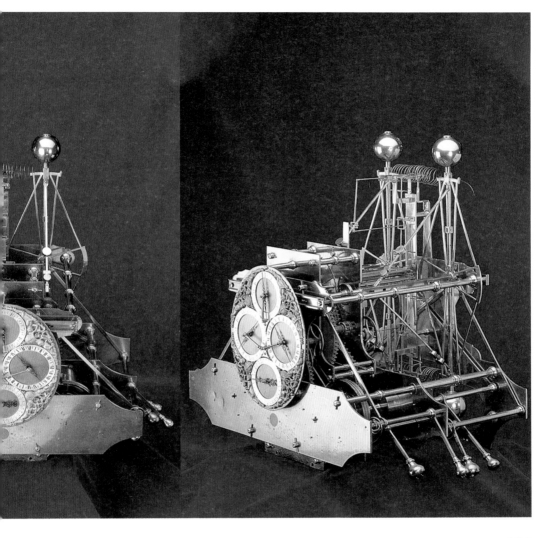

5-3-6

航海钟 · 约翰·哈里森 制

再来看船速的测量。

测量船速最简单的方法是人从船头向海上投掷一块木片，并随之向后行走，事先测定人行走的速度，就可以估算船相对于水的速度。

早在东晋的道教文献《太清金液神丹经》介绍海外诸国时，已提到了一种类似的技术，即用投入水中的物体速度估算海船每天航行的里程：

> 当得行之日，试投物于水，俯仰一息之顷以过百步。推之而论，疾于逐鹿。其于走马，马有千里，以此知之，故由千里左右也。

明代航海指南《顺风相送》的开头就记载了"行船更数法"：

> 凡行船先看风汛急慢，流水顺逆。可明其法则，将片柴从船头丢下与人齐到船尾，可准更数。每一更二点半约有一站，每站者计六十里。

这里并未直接写明每"更"的数值，而是将其换算成"站"。"站"是路上驿站之间的距离，合六十里。

清代《指南正法》的"定船行更数"记有：

> 凡行船先看风汛顺逆。将片柴丢下水。人走船尾，此柴片齐到，为之上更，方可为准。

《中山传信录》中更详述为：

> 以木梯，从船头投海中，人疾趋至梢，人梯同至，谓之合更；人行先于梯，为不及更；人行后于梯，为过更。…人行先于梯为不及者，风慢船行缓，虽及漏刻，尚无六十里，为不及更也。人行后于梯为过更者，风疾船行速，当及六十漏刻，已逾六十里，为过更也。

公元 16 世纪，欧洲的船长或领航员是用悬挂在船尾的转板来估算航程的。这是一块标出 32 个罗盘方位刻度的圆形木板，每一个方位上都有一些等距离的木钉孔。这些木钉孔把一天的航程沿着每个罗盘方位按一个小时或半个小时的间隔划分开来，根据这些数据，再结合航行时的风向可对轮船的航行路线作出估计。每一个船长或要成为船长的人都应该在正午观测太阳的时候计算出轮船的位置，然后用航海手册上的启航图表解决航线的问题。

1573 年，英格兰地区使用了更精确的测定航线的仪器。这个仪器就是系线绳的测程仪。

测程仪是将一块木板与一个卷轴上的线连在一起。这根线等间隔地打上结，木板的一边用铅加重，使它能够在水中竖立漂浮起来。将测程仪从船尾扔至船外水上，当它漂离船下涡流之后，用半分钟的沙漏开始计时。执线员计算着经过他手中的结数，直到沙子漏完为止。结与结的间隔大约为 7 英寻，如果在半分钟内通过一个结的话，那就代表每小时 1 英里的速度，即 1 节，如果通过 3 个结的话，就代表船的速度为 3 节。

参考文献
Reference

[1] 曾公亮，等撰. 武经总要前集 [M]. 郑诚 整理，长沙：湖南科学技术出版社，中国国家图书馆藏，明嘉靖三十九年山西刻本，2016：685.

[2] 陈元靓. 事林广记：癸集卷十二 [M]. 上海：上海古籍出版社影印本. 1990.

[3] 戴念祖. 中国科学技术史·物理学卷 [M]. 北京：科学出版社，2001：402-403.

[4] 戴念祖. 电和磁的历史 [M]. 长沙：湖南教育出版社，2002：128，139.

[5] 戴念祖. 亦谈司南、指南针和罗盘 [A]，黄河文化论坛编辑部：黄河文化论坛 [C]，第 11 辑，太原：山西人民出版社，2004：82-110.

[6] 戴念祖. 释司南为"北斗"、"官职"之拙见 [J]. 自然科学史研究，2006，（03）：298-299.

[7] 戴念祖. 再谈磁性指向仪"司南"——兼与孙机先生商榷 [J]. 自然科学史研究，2014，33（4）：385-393.

[8] 邓兴惠，李东节. 北京地区史期地磁场及其变化的研究 [J]. 地球物理学报，1965，14（3）：181-196.

[9] 段成式. 酉阳杂俎：第三册 [M]. 北京：中华书局据丛书集成初编排印本，1985：213，220.

[10] 顾颉刚. 秦汉的方士与儒生 [M]. 北京：北京出版集团，北京出版社，2012.

[11] 关增建. 指南针理论在中国历史上的演变 [J]. 自然科学史研究, 2005, 24（2）: 128-143.

[12] 关政军. 磁罗经技术 [M]. 大连: 大连海事大学出版社, 2003: 10.

[13] 郭贻诚. 铁磁学 [M]. 北京: 北京大学出版社, 2014.

[14] 韩汝玢, 柯俊. 中国科学技术史: 矿冶卷 [M]. 北京: 科学出版社, 2006.

[15] 华觉明, 冯立昇. 中国古代三十大发明 [M]. 郑州: 大象出版社, 2017.

[16] 刘安. 淮南子 [M], 杨有礼 注说, 开封: 河南大学出版社, 2010.

[17] 黄晖. 论衡校释: 卷十七 [M]. 北京: 中华书局, 1990: 759.

[18] 黄兴. 中国古代指南针实证研究 [M]. 济南: 山东教育出版社, 2018.

[19] 黄兴. 天然磁石勺"司南"实证研究 [J]. 自然科学史研究, 2017a（3）: 361-386.

[20] 黄兴. 中国古代司南与指南针研究文献综述 [J]. 自然辩证法通讯, 2017b（1）: 85-94.

[21] 寇宗奭. 图经衍义本草: 卷之四 [M]. 上海涵芬楼影印正统道藏本, 1924.

[22] 李晋江. 指南针、印刷术从海路向外西传初探 [J]. 福建论坛（文史哲）
版，1992（12）：65-68.

[23] 李零. 中国方术正考 [M]. 北京：中华书局，2006a.

[24] 李零. 中国方术续考 [M]. 北京：中华书局，2006b.

[25] 李强. 指南鱼复原试验 [J]. 中国历史博物馆馆刊，1992（18-19）：
179-182.

[26] 李强. 司南的出现、流传及其消逝 [J]. 中国历史博物馆馆刊，1993（2）：
7，46-49.

[27] 李强. 关于王振铎复原司南的思路兼与孙机同志商榷 [J]. 华夏文明，
2016（7）：23-37.

[28] 李志超. 天人古义 [M]. 郑州：大象出版社，1998：325.

[29] 李志超. 王充司南新解 [J]. 自然科学史研究，2004a（04）：
364-365.

[30] 林文照. 磁罗盘在中国发明的社会因素 [J]. 自然辩证法通讯，
1985（5）：49-56.

[31] 林文照. 关于司南的形制与发明年代 [J]. 自然科学史研究，1986（4）：
310-316.

[32] 林文照. 天然磁体司南的定向实验 [J]. 自然科学史研究，1987（4）：
314-322.

[33] 刘秉正. 我国古代关于磁现象的发现 [J]. 物理通报, 1956 (08) : 458-462.

[34] 刘秉正. 司南新释 [J]. 东北师大学报自然科学版, 1986 (01) : 35-41.

[35] 刘秉正. 司南是磁勺吗？[A]. 何丙郁, 席泽宗主编: 中国科技史论文集 [C]. 台湾: 联经出版社, 1995: 153-176.

[36] 刘秉正.再论司南是磁勺吗? ——兼答戴念祖先生 [J].自然科学史研究, 2006 (03) : 284-297.

[37] 刘秉正, 刘亦丰. 关于指南针发明年代的探讨 [J]. 东北师大学报自然科学版, 1997 (04) : 23-26.

[38] 刘洪涛. 指南针是汉代发明 [J]. 南开学报, 1985 (2) : 66-70.

[39] 刘昫. 旧唐书 [M]. 北京: 中华书局, 1975: 5200.

[40] 刘亦丰, 刘亦未, 刘秉正. 司南指南文献新考 [J]. 自然辩证法通讯, 2010 (05) : 54-59.

[41] 吕锡琛. 道家、方士与王朝政治 [M]. 长沙: 湖南出版社, 1991: 27-154.

[42] 吕作昕, 吕黎阳. 古代磁性指南器源流及有关年代新探 [J]. 历史研究, 1994 (4) : 34-46.

[43] 茆泮林, 辑. 淮南万毕术·列仙传 [M]. 潮阳郑氏出版龙溪精舍本, 1917.

[44] 潘吉星. 中国古代四大发明：源流、外传及世界影响 [M]. 中国科学技术大学出版社, 2002.

[45] 潘吉星. 指南针源流考 [A], 黄河文化论坛编辑部: 黄河文化论坛 [C], 第 11 辑, 太原: 山西人民出版社, 2004: 16-68.

[46] 潘吉星. 中外科学技术交流史论 [M]. 北京: 中国社会科学出版社, 2012.

[47] 山下. 指南车与指南针无关系考 [J]. 文圣举, 译. 科学, 1924, 9（4）: 398-408.

[48] 沈括. 梦溪笔谈: 第 24 卷, 杂志一 [M]. 北京: 文物出版社元刊影印本, 1975: 15.

[49] 宋应星. 天工开物 [M]// 中国科学技术典籍通汇: 综合卷, 北京: 科学出版社, 据崇祯十年（1637 年）初刻本影印, 1637.

[50] 苏敬. 唐·新修本草 [M]. 尚志钧 辑较, 安徽: 科学技术出版社, 1981: 117.

[51] 孙机. 简论"司南"兼及"司南佩" [J]. 中国历史文物, 2005（4）: 4-110.

[52] 孙机. 简论"司南" [A], 张柏春, 李成智. 技术史研究十二讲 [C]. 北京理工大学出版社, 2006: 29-46.

[53] 孙机. 中国古代物质文化 [M]. 北京: 中华书局, 2014: 417-422.

[54] 王振铎. 司南指南针与罗经盘——中国古代有关静磁学知识之发

现及发明（上）[J]. 中国考古学报, 1948a（3）: 119-259.

[55] 王振铎. 司南指南针与罗经盘——中国古代有关静磁学知识之发现及发明（中）[J]. 中国考古学报, 1948b（4）: 185-223.

[56] 王振铎. 司南指南针与罗经盘——中国古代有关静磁学知识之发现及发明（下）[J]. 中国考古学报, 1948c（5）101-176.

[57] 王振铎. 中国古代磁针的发明和航海罗经的创造 [J]. 文物, 1978（3）: 53-61.

[58] 王振铎. 司南指南针与罗经盘 [M] // 王振铎. 科技考古论丛. 北京: 文物出版社, 1989.

[59] 魏青云, 李东节, 曹冠宇, 等. 北京地区地磁倾角的长期变化 [J]. 地球物理学报, 1982, 25（增刊）: 644-649.

[60] 魏青云, 李东节, 曹冠宇, 等. 近六千年间的磁极移动曲线 [J]. 地球物理学报, 1984, 27（6）: 562-572.

[61] 闻人军. 南宋旱罗盘的发明之发现 [J]. 杭州大学学报（哲学社会科学版）, 1988（4）: 148.

[62] 闻人军. 南宋堪舆旱罗盘的发明之发现 [J]. 考古, 1990（12）: 1127-1131.

[63] 闻人军. 原始水浮指南针的发明——"瓢针司南酌之发现" [J]. 自然科学史研究, 2015（4）: 450-460.

[64] 永田武. 岩石磁学 [M]. 丁鸿佳, 译. 北京: 地质出版社, 1959: 32, 35.

[65] 张荫麟. 中国历史上之奇器及其作者 [A]. 陈润成, 李欣荣. 张荫麟全集 [C]. 北京: 清华大学出版社, 2013: 973-991.

[66] 章炳麟. 指南针考 [J]. 华国月刊, 1924, 1 (5): 1-2.

[67] 中国地球物理学会. 岩石磁学和古地磁学纲要 [R]. 北京: 中国地球物理学会, 1983: 1-29.

[68] 朱岗崑. 古地磁学——基础原理、方法、成果及应用 [M]. 北京: 科学出版社, 2005: 243-244.

[69] 朱日祥, 顾兆炎, 黄宝春. 北京地区 15000 年以来地球磁场长期变化与气候变迁 [J]. 中国科学 B 辑, 1993, 23 (12): 1316-1321.

[70] 杨伯达. 杨伯达论玉——八秩文选 [M]. 北京: 紫禁城出版社, 2006, 81.

[71] 李明. 中国近事报道 (1687-1692) [M]. 郭强, 龙云, 李伟 译. 郑州: 大象出版社, 2004: 204-206.

[72] 安徽省文物考古研究所 编著. 凌家滩——田野考古发掘报告之一 [M]. 北京: 文物出版社, 2006.

从历史的角度来看，关于磁性知识、技术和理论的发展可以大致分为三个阶段：

指南针发明之前，人们只知道小磁体之间可以互相作用。指南针则突破了这一范围，与地球磁场关联起来，可以利用地磁场水平方向的分量来驱动和指向，由此具备了指向功能。当然，这还属于技术应用的范畴，古人对指南针为什么会指南还无法作出符合实际的解释。在指南针之后，最具有里程碑意义的磁性知识是将磁与电关联了起来，包括奥斯特发现了电流的磁效应、法拉第发现电磁感应，以及麦克斯韦用极精简的数学公式完整描述了磁与电的关系，人们可以从更深的层次来研究磁的本质。

这样我们就更能理解指南针为什么能够成为举世公认的"四大发明"之一：指南针是近代科学出现之前，在种种磁技术中最具有实用价值、对人类社会贡献最大的一种。同样，也就可以理解站在技术史的视角下今人应该怎样来研究指南针——即将知识的原理与应用、历史源流和故事及其在社会文化中扮演的角色融会贯通起来，共同编织出一个有血有肉、丰富多彩的指南针世界。

向这一目标迈进的过程有曲折也有欣喜。

自从 1940 年代，王振铎制作了数枚磁石勺后，在七十多年的时间里，其他人都没能用天然磁石再次制成；很多学者都曾发表论文探讨，但很难有实质性进展。可见这项研究难度之大。

2014 年 7 月至 2016 年 6 月，本书作者在中国科学院自然科学史研究所博士后流动站工作期间，合作导师张柏春研究员安排了"指南针实证研究"这个极具挑战性的课题。在研究过程中，最难的事情大概有两件。

第一件是找磁石。前人研究中，只有王振铎用真正的磁石做了实验；刘秉正所用磁石剩磁非常低，达不到古文献中所描绘的程度。从一开始，本书作者就利用各种机会找天然磁石。首先按照古文献记载到河北武安磁山上找，那天正好夏至日，由磁山博物馆张海江馆长带领，转了半天，山顶上早就挖空了，留下一个像火山口的大坑。路边有一些铁矿石剩磁非常弱，仅能勉强吸动铁针，不能粘住铁针。本书作者又到其他一些铁矿上去找过，那里的矿石剩磁都很弱。本书作者又查阅各种文献，在各种搜索引擎和电商网站上找，也加了一些与"磁石"有关的QQ群、微信群，但里面的"磁石"都是一般的磁铁矿，只能被磁铁吸引，而不能主动吸铁。本书作者不甘心，又回到磁山上去找，那天临近冬至日，转到傍晚还是一无所获，真是日暮途穷。

如果真的找不到合适磁石，本书作者一度还设计了另外一种方案，即用一般的磁铁矿、或者人工铁氧体材料充磁，使其达到与南朝刘宋时期成书的《雷公炮炙论》所描述的磁石相等的磁性。但这样研究结论的可信度会打很大的折扣。

2015年元旦假期，本书作者受中科院自然科学史研究所韩琦研究员委托，协助调查收集瑞典地质学家安特生在龙烟铁矿的活动资料。调查期间，本书作者辗转认识了多位私人矿主、技术工人和集体厂矿负责人，交谈中偶然得知了附近有磁石矿，便请他们带本书作者去。最终找到了具有很强剩磁、与古文献记载一致的、带着"毛"的磁石。本书作者用这样的磁石，制作了磁石勺，指向效果非常好，不只在光滑的铜盘上，在木地板、水泥地上、砖块上都可以准确指南。

这就充分证明了磁石勺指南的可行性。除了在北京，本书作者在后来国内外其他地方参加会议、访问调查时，也会在当地测试一下磁石勺的指向性，或者作为会议现场展示，或者作为一件趣事，与大家分享。例如在阿拉尔（新疆）、云南大理、南京、呼和浩特、成都、厦门、泉州等地；以及希腊雅典，蒙古国乌拉巴托、哈拉和林（蒙古帝国窝阔台时期首都）等地。在这些地方，磁石勺的指南效果都很好。

第二件困难的事情是研制磁石磁矩测量装置。磁体在地磁场中受力到的转动力矩，由磁矩（磁偶极矩）、地磁场水平方向分量、两者夹角共同决定。有人认为磁石加工成勺状会显著退磁，无法指南。本书作者最初制作的几枚磁石勺现在已经用了五年多了，指向功能一点都没有衰退。但这样的定性描述还不够到位。开展科学研究，需要用数据来说明磁石勺制作前后的磁矩和磁化强度。

本研究所用的磁石尺寸在 10 厘米级别，且外形不规则。本书作者曾求助于多家科研院所，现有设备对检测样品的尺寸和外形都有严格要求，无法检测这样的磁石。前人研究中都是用磁体两端的表磁（表面磁场强度）来表征磁体的指向能力。但表磁和磁矩不是同一个物理量，在很多情况下也非同增同减关系。为此本书作者自己设计制作了一套磁石磁矩测量装置，前后更换了多种设计方案，逐步解决了原理、制作、标定，以测定非线性误差和重复性等问题，最终解决了测量难题，并且得到了中国科学院物理研究所崔琦实验室主任吕力研究员、原磁学国家重点实验室主任胡凤霞研究员等五位专家组成的评审组的认可与好评，获得了国家发明专利授权。

关于"司南"存在很多争议，假如用天然磁石制作出来的磁石勺不能指南，也还不能完全否定磁石勺"司南"方案，只能说明这有两种可能，一种是利用磁石确实无法实现，另一种是本书作者找到的磁石剩磁还不够好。这就需要进一步开展实验。天然磁石属于铁氧体材料，用现代铁氧体制作磁勺，用充磁机饱和磁化，使剩磁达到该种材料的理论上限；如果还不能有效指向，这样才能充分证明天然磁石是不能指南的。

本书作者已开展的工作主要是通过实验研究来解决指南针的技术可能性问题。而古代是否真实如此，还需要用历史资料来证明。但这也是很难的。古代发生了那么多事情，能有多少被写进书里；古书屡遭灭失，又有多少流传到现在且为我们所知？古代有那么多实物，有多少能传世不朽或埋于地下，而地下又有多少文物尚未被发现？这些谁都说不清。如果不能得到确切结论，就只能讲它的可能性，既不能凭空编造，也不能武断否定。同时也需要我们有足够的耐心去努力寻找，新史料、考古新发现的可能性是不能排除的。

关于指南针的研究已经存在很多观点。本研究的目的不是为了增加"新说"；而是力图实实在在地解决问题，澄清事实。为此，在研究过程中，作者几乎对自己的每一步工作，也都提出各种疑问，例如为什么我的找到的磁石会有显著剩磁，而刘秉正的却几乎没有剩磁；为什么制成勺形会更容易指南；古代技术条件下能否将磁石加工成勺状；磁石加工后会不会退磁而不能用；勺形之外的办法行不行等。对此，要么开展了相应的实验，用可重复的结果和详细的数据来回答，要么借助理论来解释清楚。该项成果公布以来，本书作者一直通过各种讲座、媒体向大家做实物展示。大家都很感兴趣，提出过其他新的想法，但对本书的工作目前还没有提出质疑。

本书作者应邀将近年来关于指南针的研究工作写成这本科普读物，其中有不少图片是本书作者开展实验时的珍贵照片，有重要的科学价值。本书不仅为了让读者知道指南针的各种知识，也是让读者了解到如何开展研究来解决问题。

学术是一种公器，需要由大家来评判和参与。本书作者的工作得到了很多人的帮助，衷心感谢；也非常希望有读者来指出本书作者工作中的不足之处，共同推进指南针研究。

本研究获得以下资助：

中国博士后科学基金第九批特别资助：中国古代指南针科学认知与实证研究（2016T90149）

中国科学院"十三五"重点培育方向："文化遗产的科学认知研究"

黄兴

北京·中国科学院中关村基础园区

2020.10